WANGYE MEIGONG SHEJI

国家中等职业教育改革发展示范学校建设系列成果

网页美工设计

主　编　朱言明　姚兴旺

副主编　何春筱　杜昌美　董艳

主　审　胡仲胜　严于华

重庆大学出版社

内容提要

本书是讲述网页美工设计的专业教材,全书共分为5个模块,共20个任务。其中,模块一是网页设计基础;模块二是网页色彩规划;模块三是网页文字设计;模块四是网页元素设计;模块五是网页整体设计。本书系统、全面地介绍了网页美工设计的工作过程和需要掌握的知识、技能以及使用Photoshop进行网页设计制作的具体方法和步骤。

本书对有一定Photoshop图像处理基础的网页设计与制作人员、网站建设与开发人员有一定的指导和参考价值,同时也可作为中职学校、网页制作培训机构以及个人网站设计爱好者的学习参考书。

图书在版编目(CIP)数据

网页美工设计/朱言明,姚兴旺主编.—重庆:重庆大学
出版社,2015.3(2023.1重印)
中等职业教育计算机专业系列教材
ISBN 978-7-5624-8956-6

Ⅰ.①网… Ⅱ.①朱…②姚… Ⅲ.①网页制作工具—中等专
业学校—教材 Ⅳ.①TP393.092

中国版本图书馆CIP数据核字(2015)第057730号

国家中等职业教育改革发展示范学校建设系列成果
网页美工设计
主 编 朱言明 姚兴旺
副主编 何春筱 杜昌美 董 艳
主 审 胡仲胜 严于华
策划编辑:王海琼

责任编辑:文 鹏 姜 凤 版式设计:王海琼
责任校对:秦巴达 责任印制:赵 晟
*
重庆大学出版社出版发行
出版人:饶帮华
社址:重庆市沙坪坝区大学城西路21号
邮编:401331
电话:(023)88617190 88617185(中小学)
传真:(023)88617186 88617166
网址:http://www.cqup.com.cn
邮箱:fxk@cqup.com.cn(营销中心)
全国新华书店经销
重庆升光电力印务有限公司印刷
*
开本:787mm×1092mm 1/16 印张:11.75 字数:237千
2015年3月第1版 2023年1月第8次印刷
印数:12 001—14 000
ISBN 978-7-5624-8956-6 定价:49.00元

网页是网站宣传的窗口，布局合理、色彩和谐、内容丰富的网页能吸引更多浏览者，好的网页设计能更好地传达网站信息与提高网站知名度。"为网页美工指明设计方向，为网页制作奠定设计基础"是本书的写作宗旨。

《网页美工设计》是计算机网络技术、计算机平面设计和计算机应用专业的一门专业核心课程，其前导课程是《Photoshop图像处理》，后续课程是《Dreamweaver网页制作》。本书主要讲述网页美工设计者进行网页设计时需要了解的基础知识以及需要掌握的基本技能，力争在理论知识方面成为网页美工设计过程的工具书，在实践操作方面成为网页美工制作过程的参考书。

本书在内容处理及编写上注重体现由表及里、由浅入深的认识规律，采用理论——实践——提高的编写思路，分清主次，突出重点。通过对理论的讲解、实例的分析，明确学习目标，进而带动知识点的学习和技能点的掌握。同时引入相应的知识拓展与练习，以巩固所学知识和技能，拓展学生思路，达到举一反三的学习效果。

本书包括网页设计基础、网页色彩规划、网页文字运用、网页元素设计和网页整体设计5个模块，每个模块包括4个任务，每个任务包括任务导航、知识前导、任务分解、动手练习等栏目。内容涵盖网页美工设计流程的各种知识与技能，并通过浅显易懂的理论指导与生动实用的实例操作，让网页设计初学者快速突破网页美工设计门槛、掌握网页美工设计方法与技巧。本书以模块、任务为驱动展开，建议使用基于工作过程的如项目式、任务驱动式等教学方法实施教学，教学时数建议为108学时。

本书由朱言明、姚兴旺担任主编，何春筱、杜昌美、董艳担任副主编，胡仲胜、严于华担任主审。其中，模块一由董艳、姚兴旺编写，模块二由朱言明、涂江鸿编写，模块三由杜昌美、肖学清编写，模块四由何春筱、岳玲编写，模块五由姚兴旺、李璧编写，全书由朱言明统稿。

本书在编写过程中，得到了重庆教育管理学校各级领导、计算机教学部全体同事、重庆大学出版社的大力支持与帮助，重庆霍普科技有限公司柯尊巧总经理、重庆市教科院信息中心杨博主任对全书的编写提出了很多宝贵的建议和意见，在此一并表示衷心感谢。

为了教学的需要，我们采用了一些作者的图片，由于时间和其他的原因，无法当面致谢。若有需要，请联系重庆市版权保护中心，电话：02367708231。

由于时间仓促，编者水平有限，书中难免存在不妥之处，敬请读者批评指正。

编　者

2014年12月

CONTENTS **目 录**

模块一　网页设计基础

模块综述

在信息技术广泛应用的今天，网站推广已成为信息发布的重要手段之一，越来越多的单位、个人甚至产品都通过网站进行展示和宣传。网站的建设除了使用Dreamweaver等网页制作软件搭建真正的网站外，前期的效果图设计属于网页美工设计的范畴。本模块通过初识网页美工、网页设计赏析、认识网页元素、认识网页布局等内容，引导网页设计初学者快速了解网页的基本构成与网页美工设计的工作任务与性质。

通过本模块的学习，你将能够：

- 了解网页设计流程；
- 了解网页的组成元素；
- 认识网页布局方式。

任务一　初识网页美工

【任务导航】

人们对美的追求是永无止境的，网页设计同样如此。让网页更符合用户的需求，让自己的网页更能让别人接受，这就需要从网页美工设计入手。本任务通过网页美工任务、流程等内容的学习，让网页美工设计者了解网页设计的工作内容，了解网页设计的工作流程，进而对网页美工设计有更加全面的认识。

【知识前导】

网页美工是对平面视觉传达设计美学的一种继承和延伸，两者的表现形式和目的都有一定的相似性。网页美工把传统平面设计中美的形式规律同现代的网页设计的具体问题结合起来，将一些平面设计中美的基本形式运用到网页中，增加网页设计的美感，满足大众的视觉审美需求。

【任务分解】

一、网页美工任务概述

网页美工顾名思义就是对网页进行美化，其主要任务之一是制作网页效果图。网页效果图，又称为页面效果图，用于网站建设前期，是一个网页页面的图片表现形式。也就是说，将网页页面用图片的形式表现出来。

网站制作人员在了解客户需求之后，根据客户需求起草网站策划书，客户同意策划方案后，网页美工要制作出若干张网页效果图，供用户选取一张做模型，或者根据用户意见再次修改效果图，直到用户满意为止。网站前台人员以效果图为模型，使用Dreamweaver等网页制作软件搭建成真正的网站。

网页效果图要考虑网站的创意规划、网站的版式布局规划及网站的色彩规划。网页美工设计一般要与企业整体形象一致，要注意网页色彩、图片的应用及版面规划，保持网页的整体一致性。如图1-1-1所示的网页，"超越传统办公的笔和纸"，网站规划体现主旨，传承传统而又赋予创意，版面简洁，色彩协调。

图1-1-1

二、网页美工设计的工作流程

1.需求分析

随着社会的不断发展、商家品牌意识的提高，现在的网站开发设计不仅仅是功能的实现，更强调整体外观的美化和整体形象品质。与客户的充分沟通，了解客户的需求是创作网页的前提。

2.网站规划

一个完整的网站应具备布局合理、条理清晰、内容丰富的特点，因此，网站项目的规划十分重要。网页能让浏览者在第一时间就找到需要的信息，并给以清晰的指示引导。其基本原则是先整体布局，再局部整理，力求做到条理清晰、内容明确。

3.绘制效果图

通过前期的沟通与策划，使用图形软件实施创意，完成初步的作品设计，即提供网页效果图。

4.客户反馈

在提供效果图后，网页美工需要根据客户提出的修改建议修正设计作品，最终达成一致意见。

5.切片与输出

根据网页制作的需要，完成效果图切片，并输出为相应格式的单个文件，为完成整个网站的后期开发作好准备。

三、网页美工设计概述

1.网页创意

创意的范围很广，网站的创意不同于一般的平面广告，既要考虑网页的新颖独特，又要考虑网页是否符合行业特点及网页整体功能的实现。

要完美地体现设计者的创意，关键是找到合适的创意点。例如，设计可口可乐的网页，大家会马上想到可乐瓶子的外形，热情飞扬的红色彩带，所有与可口可乐相关的元素，如图1-1-2所示。

图1-1-2

2.网页版面构成要素

事物千变万化，归纳这些事物的形态均由点、线、面等基本元素构成，它们彼此交互，有序地构成了缤纷的世界。在设计中也是同样的道理，基本元素归根结底都是点、线、面的和谐构成。

3.网页色彩规划

网页色彩规划需要注意以下问题：一是先定主色，再配辅色；二是有效利用其他色彩进行网页色彩搭配；三是注意色彩的对比。

在实际网页设计制作中，网页的结构与配色是关键问题，需要大家多分析、模仿优秀的设计作品，在这个过程中吸取优秀的设计经验，在设计中才能运用自如。

【动手练习】

在互联网上浏览网页，下载3张让人赏心悦目的网页，并具体阐述其优点。

任务二　网页设计赏析

【任务导航】

不同类型的网站具有各自的创意与风格，网页设计一定要紧密结合用户的需求，兼顾浏览者的感受。本任务通过对信息资讯类、电子科技类、文化教育类、休闲娱乐类、个性类网站的欣赏与分析，让网页美工设计初学者了解网站规划的基础知识，了解网页创意的基本方法，进而提高网页鉴赏能力。

【知识前导】

如何才能设计出与众不同的漂亮网页？除了丰富的内容、合理的版式、独特的风格和赏心悦目的色彩，作为一名网页设计者应拓宽视野，使自己了解更多不同类型和不同风格的网页，这样才能不断地提高自己的设计水平。因此，对于初学者来说，网页欣赏是至关重要的，因为只有在量的积累下，才会有质的提升。

【任务分解】

一、信息资讯类

资讯及信息门户类网站具有传媒特性，提供新闻或行业信息的发布传播。此类网站除提供资讯信息外，还同时运营其他网络服务。比较显著的特点是信息量大，内容丰富，页面通常为分栏结构，排版较长。

1.页面布局与导航

由于门户类网站包含大量的图文信息内容，访问者在面对繁杂的信息时，如何最有效地找到所需信息，是页面设计者首要考虑的问题，因此，页面导航在资讯网站中非常重要。很多大型资讯网站多采用导航位于页面的顶部，清晰明了，由于页面内容较长，故把导航放在第一屏有利于访问者更有效地查阅信息，如图1-2-1 所示。

图1-2-1　各大咨询网站导航栏

2.框架设计风格

资讯门户类网站的设计风格相对来说较为统一，为了顾及到信息查阅和大量的图文内容，在框架设计上基本采用超长页面；为了尽可能多地展现信息内容，通常都会设计成3栏甚至4栏的纵向布局。众多门户资讯类网站，首页和二级栏目在设计风格和颜色搭配上各有不同，但又不失和谐；不同栏目采用不同颜色和布局方式，只要处理得当，便可和谐统一，如图1-2-2所示。

图1-2-2　搜狐首页内容

3.图文信息的合理布局

　　资讯门户类网站信息量巨大,因此页面的图文信息较为丰富。建议图片和文字在页面中所占比例均等,这样能在阅读浏览时不会感到单调和压抑。图片信息作为吸引访问者的主要因素,需要在页面中合理利用,使网站对访问者更为有效,如图1-2-3和图1-2-4所示。

图1-2-3　凤凰网资讯页

图1-2-4　新浪网新闻页

二、电子科技类

　　电子科技类网站多采用冷色调,给人深厚的科技感。色彩以蓝色为主,再搭配明度不一的灰色或白色,使整体看上去稳重、大方、整洁、干净。此类网站版式以横向分栏或居中的风格居多。这样的版式很适合电子科技类的网站,能很好地突出主题,又便于浏览。

如图1-2-5和图1-2-6所示,该网站是一个综合性的数码产品和活动宣传的网站。采用骨骼型版式,中规中矩,重点突出在中间栏的宣传图上。网站底色为白色,其他地方主要采用明亮的天蓝色,这两种颜色搭配起来,具有很强的金属质感,再加上细心处理过的图片,就更能体现出科技质感。

图1-2-5　数码产品网站首页

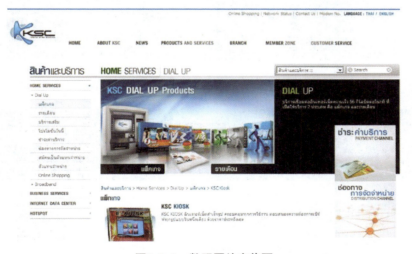

图1-2-6　数码网站宣传页

小提示

图1-2-5的网站细节上的亮点就是网站Logo的设计和使用。另外,有些文字可以缩小,排列处理形似一条线,既有了文字功能,又能起到装饰作用。

三、文化教育类

教育类网站的主要目的是宣传和推广教育、正确引导学生学习知识。一般来说，教育网站在整体设计上给人很强的文化气息，基本采用图片与文字搭配，简洁、紧凑的布局排版风格，其文字内容简单明了，页面效果简洁细致。

如图1-2-7和图1-2-8所示，这是英国牛津大学的校园网站，网站首页给人深厚的文化底蕴冲击。网站采用传统的骨骼型版式，各个内容分别位于相应的版块，版块之间按一定规律分隔开，严肃中带有活泼。网站颜色以蓝和白为主，简洁明了。该网站的优点主要在于它的单纯颜色和其他颜色比例的运用。

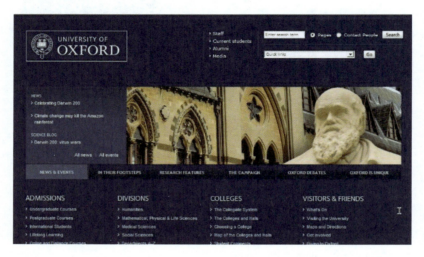

图1-2-7　牛津大学网站

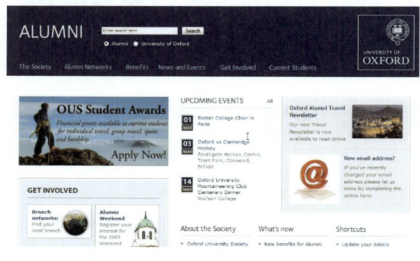

图1-2-8　牛津大学内页

如图1-2-9和图1-2-10所示为哈佛大学的网站。该网站采用的虽然也是单纯的颜色，但它是红与黑相搭配，网站同样采用的是骨骼型版式，不过在具体模块的安排上比较活泼，有些自由设计的元素在里面。网站的红色和黑色在内页上主要还是靠白色来协调，否则，红和黑相对较压抑。网站运用图片和视频元素来增加网站内容。

图1-2-9　哈佛大学网站

图1-2-10　哈佛大学网站

四、休闲娱乐类

娱乐类网站多以色彩丰富著称，最重要的是有很强的视觉性和娱乐性。为了突出宣传效果，通常会使用大幅的图片或者动画，因此，这些内容一般也都会摆放在页头或中间醒目的位置。网站设计师会应用一些色彩鲜艳、表现强烈的颜色到娱乐类网站的设计中，应用这些色彩可加深浏览者的印象，以达到加重浏览者感观刺激的作用。

　　如图1-2-11所示网站的整体颜色主要采用网站图片的本身颜色，只在整体色调上做大方面的掌控，偏深、偏灰，这样的色彩能压住大局，只突出画面中的人物。主体人物形象就是网站的宣传重点，所以，网站不多用其他元素，主要就是演唱者的照片等，只有一点点颜色变化的互动元素在里面。

图1-2-11　音乐网站

　　如图1-2-12和图1-2-13所示，网站的颜色采用了黑色做背景，黄色等鲜亮颜色做陪衬，这几种颜色搭配在一起给人以强烈的视觉冲击，非常具有现代美感。网站的元素用得比较简单，主要是几个小Logo和镂空图片。在细节上，网站注意了背景的设计和小图片的装饰。

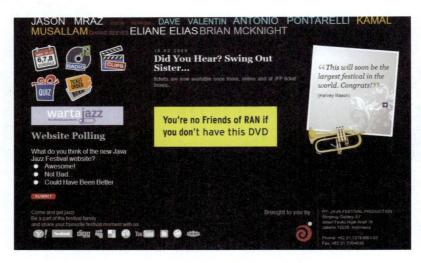

图1-2-12　娱乐网页1

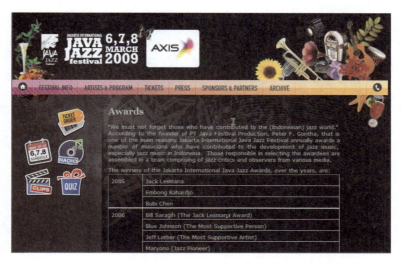

图1-2-13 娱乐网页2

小提示

　　颜色的搭配也需要有一定的比例,否则直接影响最终效果。最重要的还是需要有好的设计形式。

五、个性化网页

　　个性化网站大多反映的是个人的喜好和性格,其版式随意自然,内容的划分全靠网页的各项具体元素来承担。这些网站往往以大面积简洁、小面积繁复为主,各项繁复的小元素构成网站版式、网站内容、网站色彩和网站细节。换句话说,就是利用小画来画出大画。

　　如图1-2-14所示的网站色彩绚丽,宛如在梦里,又好像在画里。该网站采用了焦点型版式,又有分割型版式,不过,同时也可以看成是绝对自由型版式。网站外框只有一层半透明的银灰色圈住,里面就是一个似乎无穷尽的缤纷画面。

　　如图1-2-15和图1-2-16所示是图1-2-14网站的子页。该网站的一大元素就是满版互动,鼠标似乎就是个探路机,随意上下移动,无须点按,界面都会随着鼠标的痕迹变换画面。另外,网站的互动元素还体现在变化中界面的内容上,如扣子、购物袋、梯子、对话框等,只要是不同的就可以是一个互动元素。这样的网站体现了细节的精心处理。

图1-2-14　个性化网站页1

图1-2-15　个性化网站页2

图1-2-16　个性化网站页3

任务三　认识网页元素

【任务导航】

网站由多张网页构成,每张网页包含大量的内容,浏览者需求不同,其关注点也会有所差异。作为网页美工设计的初学者,应详细了解与认识网页的各类组成元素。本任务通过对网页常见组成元素的欣赏与分析,让网页美工设计者初步了解网页元素的构成。

【知识前导】

网页是由浏览器打开的文档,因此,可以将其看成是浏览器的一个组成部分。网页的界面只包含内置元素,而不包含窗体元素。网页以内容划分,一般的网页界面包括网站Logo、网站Banner、导航栏、文字、图片、链接6部分,如图1-3-1所示。

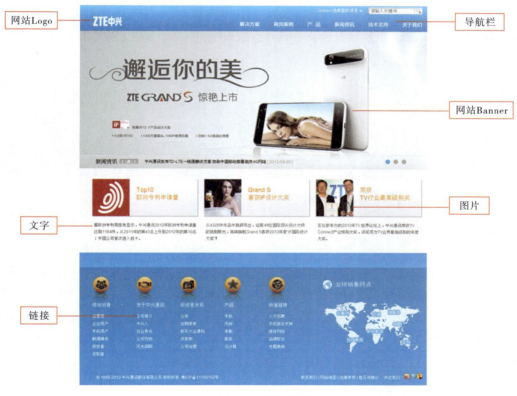

图1-3-1　中兴手机网页

【任务分解】

一、网站Logo

网站Logo是一个站点的象征，应体现该网站的特色、内容以及其内在的文化内涵和理念。成功的网站Logo有着独特的形象标志，在网站的推广和宣传中将起到事半功倍的效果。如图1-3-2所示是灵动信息技术有限公司的Logo。网站Logo一般放在网站的左上角，访问者一眼就能看到它。

图1-3-2　灵动信息技术有限公司的Logo

二、网站Banner

网站Banner主要体现网页中心意旨，形象鲜明地表达网站最主要的情感思想。Banner可以是网站页面的横幅广告，也可以是主题内容的集中呈现，如图1-3-3所示。

图1-3-3　网站Banner

三、导航栏

建立网站导航的目的就是引导浏览者游历网站。网站导航实际上并不是一个非常确定的功能或手段，而是一个通称，凡是有助于方便用户浏览网站信息、获取网站服务并且在整个过程中不致迷失、在发现问题时可及时找到在线帮助的所有形式，都是网站导航系统的组成部分。网站的导航系统实际上就是一组使用了超链接技术的网页对象，包括文字、图像、按钮等，让网站中的内容有效地链接起来，如图1-3-4所示。

图1-3-4　某国外公司网站导航栏

四、文字

文本是网页中的主要信息。在网页中可以通过字体、字号、颜色、底纹以及边框等来设置文本属性。这里所指的文字是文本文字，而并非图片中的文字。

在网页制作中，文字可以方便地设置成各种字体和大小，但是这里还是建议，用于正文的文字不要太大，也不要使用太多的字体，中文文字使用宋体、9磅或者12、14像素左右即可。因为过大的字在显示器中线条的显示不够平滑。颜色也不要用得太复杂，以免影响用户视觉。大段文本文字的排列，建议参考优秀的报纸、杂志等，如图1-3-5所示。

图1-3-5　某国外电子杂志

五、图片

图片不仅能增加网页的吸引力，同时也能大大地提升了用户浏览网页的体验。图片在网页中具有画龙点睛的作用，它能装饰网页，表达个人的情调和风格。建立网站常用的图片格式有gif、jpg和png3种，用得最多的是gif和jpg这两种格式。虽然图片有很多优点，但建立网站并不是加入的图片越多越好。图片和动画越多，网页的浏览速度就会受到影响，如图1-3-6所示。

图1-3-6　阅读器网站

六、超链接

超链接是整个网站的通道,它是把网页指向另一个目的端的链接。例如,指向另一个网页或相同网页上的不同位置。这个目的端通常是另一个网页,但也可以是图片、电子邮件地址、文件、程序,或者是本网站的其他位置。超链接可以是文本或者图片。

超链接广泛地存在于网页的图片和文字中,提供与图片和文字相关内容的链接。在超链接上单击鼠标左键,即可链接到相应地址的网页。有链接的地方,光标会变成小手形状。可以说超链接正是Web的主要特色。如图1-3-7所示是大家熟知的百度网站首页,每一个方块都是一个超链接。

图1-3-7　百度网站首页

【动手练习】

浏览网页,下载一张网页并注明网页的主要组成元素。

任务四　认识网页布局

【任务导航】

　　网页内容丰富,结构迥异,根据用户不同的需求及不同的审美观,网页页面的布局也会有很大的差异。本任务通过对部分经典网页布局方式的欣赏与分析,让网页美工设计初学者了解网页的常用布局方式,以便后期根据用户的需求,创意性地选择网页的布局。

【知识前导】

　　网页可以说是网站构成的基本元素。当我们轻点鼠标,在网海中遨游时,一幅幅精彩的网页就会呈现在我们面前。那么,网页精彩与否的因素是什么呢? 色彩的搭配、文字的变化、图片的处理等,这些当然是不可忽略的因素,除了这些,还有一个非常重要的因素——网页的布局。网页的布局方式总是在不断变化的。因为,只有不断地变化才会提高,才会不断丰富我们的网页。

【任务分解】

一、国字型

　　国字型也可称为同字型,是一些大型网站所喜欢的类型,即最上面是网站的标题及横幅广告条,接下来就是网站的主要内容,左右分列两小条内容,中间是主要部分,与左右一起罗列到底,最下面是网站的一些基本信息、联系方式、版权声明等。这种结构是在网上见到最多的一种结构类型。采用“国”字型布局的网页,如图1-4-1所示。

图1-4-1　工业公司网站

二、拐角型

拐角型结构与国字型结构其实是很相近的，只是形式上有所区别，上面是标题及广告横幅，左侧是窄列链接等，右列是很宽的正文，最下面也是一些网站的辅助信息。采用拐角型布局设计的网页，如图1-4-2所示。

图1-4-2　肯德基网站

三、T字型

　　T字型布局指网页上方是网站标志及广告条,下方左半部为主菜单,右半部分显示内容的布局。因为看上去像英文字母"T",故称为T字型布局。T字型布局的优点是页面结构清晰,主次分明,强调秩序,能给人以稳重、可信赖的感觉,比较容易上手。缺点是规矩呆板,如果细节和色彩搭配不当,容易产生乏味的感觉。采用T字型布局的网页设计如图1-4-3所示。

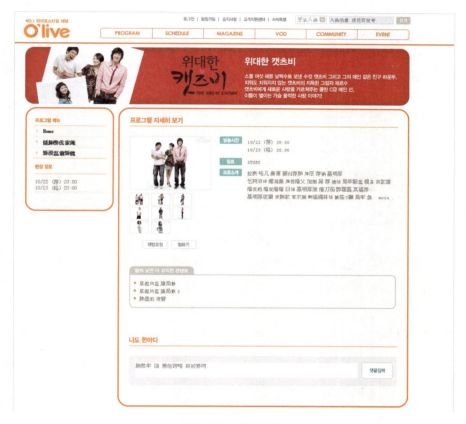

图1-4-3　韩伊网站

四、框架型

　　框架型布局一般分为上下、左右和综合布局,一般左面是导航链接,有时最上面会有一个小的标题或标志,右面是正文。大型论坛大多是这种结构,有些企业网站也喜欢采用该结构。这种类型结构非常清晰,一目了然。最典型的综合框架型页面布局如图1-4-4所示。

图1-4-4　阿里妈妈网站

　　上下型布局与左右框架型布局类似。综合型框架布局是左右和上下两种框架的结合，是相对复杂的一种框架结构。

五、三字型布局

　　三字型布局是一种简洁明快的网页布局，这种布局国外网站用得较多，国内网站用得较少。其特点是页面上横向两条色块，将页面整体分割，如图1-4-5所示。

图1-4-5　Etsy购物网站

六、POP型

POP引自广告术语，是指页面布局像一张宣传海报，以一张精美图片作为页面的设计中心。这种类型基本上是出现在一些网站的首页，大部分为一些精美的平面设计结合一些小的动画，放上几个简单的链接或者仅是一个"进入"的链接，甚至直接在首页的图片上作链接而没有任何提示。这种布局大部分出现在企业网站和个人首页，如果处理得好，会给人带来赏心悦目的感觉，如图1-4-6所示。

图1-4-6　"哦，你好世界"网站

七、标题文本型

标题文本型布局是指页面内容以文本为主，这种类型的页面最上面通常是标题，下面是正文，一些文章页面或注册页面就属这一类，如图1-4-7所示。

图1-4-7　某网站的用户联系信息页面

【动手练习】

浏览网页，下载本任务所述的7种布局方式的网页，每种布局方式至少一张。

模块二　网页色彩规划

模块综述

　　我们生活在一个充满绚丽色彩的世界，漂亮的色彩往往能迅速吸引人的注意，一个有着绚丽色彩的网站同样也能吸引访问者长久地停留。在网页设计中，色彩可以装饰和美化网页，突出主题，增强宣传效果，好的色彩搭配可以成就一个网站。但色彩的运用是一个复杂的知识体系，需要长期的积累。本模块通过认识色彩情感、搭配网页色彩、选择网页色调等内容的学习与练习，引导网页美工设计初学者快速、合理地运用色彩来装点自己的网页。

　　通过本模块的学习，你将能够：

- 理解色彩的情感性及其象征意义；
- 理解色彩基础知识及掌握色彩搭配方案；
- 掌握配色技巧及规避常见配色问题。

任务一　认识色彩情感

【任务导航】

　　世界上任何事物的形象和色彩都会影响我们的情感，某一种色彩或色调的出现，往往会引起人们对生活的联想和情感的共鸣，这是色彩产生的心理作用。色彩本无固定的感情内容，是人们的联想、习惯、心理感应、审美意识等诸多因素的综合，给色彩披上了感情的轻纱。认识色彩情感对于理解色彩运用具有重要的作用。

【知识前导】

　　人们对色彩的理解和运用来源于生活中不同色彩带来的不同感受。如图2-1-1至图2-1-4所示，我们生活在一个五彩缤纷的世界。色彩与人的情感有着密切的联系，不同的色彩被人们赋予不同的意义，表达特定的情感。运用色彩时，除了色彩与色调本身的美感外，也通过色彩传递着相应的色彩联想与情感象征。色彩的上述特性对人的情感、思想和行为有着直接的作用，这也是我们在网页设计中研究色彩的意义。

图2-1-1　夕阳下的树林

图2-1-2　希腊圣托里尼岛风光

图2-1-3　现代室内家居

图2-1-4　城市夜景

想一想

（1）图2-1-1至图2-1-4所示图片中的色彩给你什么样的感受？

（2）生活中哪些颜色给你留下了深刻的印象？

【任务分解】

一、色彩角色

网页中色彩的角色主要是根据其面积的多少来区分主次关系，如果不同的颜色使用面积相当，会感觉页面主次不分、没有整体感；当使用颜色过多时，会感觉页面过于琐碎、花哨，网页会显得轻浮而缺乏内涵。

为网页配色时，应根据主题内容区分主次，选择不同的颜色发挥不同的功能，让其扮演不同的角色。根据色彩的视觉主次关系可分为：

1.主色调

在网页中面积最大,出现次数最多,贯穿网页中所有页面的色彩。主色调好似乐曲中的主旋律,在创造特定的气氛与意境上发挥主导作用,是整个网站的色彩表现力的灵魂。在描述网页是什么色调时也是特指其主色调。

2.辅助色

辅助色仅次于主色调视觉面积的色彩,是烘托、支撑主色调,起调和画面色彩的关系,融合画面色彩感觉的色彩。

3.点睛色

点睛色在小范围内用强烈的颜色来突出效果、活跃气氛,使页面的色彩更加鲜明生动。主要适用于占用范围较小的按钮、标签等。同一个画面的点睛色可能是一种色彩,也可能是多种色彩,点睛色的数量根据画面需要而定。

4.背景色

背景色是用于网站背景的颜色,起协调、衬托整体色彩关系的作用。有的背景色作用不大,仅起陪衬的作用,在画面中显露的面积很小,但有些网页的背景色对画面的影响很大,既是背景,也是主色调。

图2-1-5使用了多种色彩,让我们来区分其中的色彩究竟扮演何种角色,如图中色块所示。

图2-1-5　色彩细微变化的网页设计

找几张自己熟悉的网页，试着分析画面中色彩的角色。

二、色彩情感

1.白色

白色让人联想到：

正面的：纯粹、纯洁、洁净、正直、信赖、神圣、和平、单纯、成熟、优雅。

负面的：单调、恐惧、无力。

白色象征纯洁、神圣、明快、虚无、贫乏。纯白色会带给别人寒冷、严峻的感觉。白色通常需和其他色彩搭配使用，白色是万能色，可以与任何颜色搭配。

 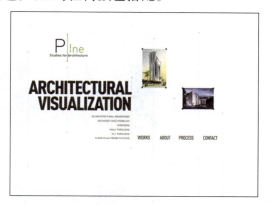

图2-1-6　白色为主的网页1　　　　　　图2-1-7　白色为主的网页2

白色是所有色彩中亮度最高的，给人一种轻快的感觉。白色能使和它搭配的色彩显得更加鲜明、突出，可以让明亮的色彩更柔和、优雅。白色与暖色搭配时可以增添华丽的感觉，与冷色搭配时可以产生清爽、明快的感觉。白色常用来表达明亮、洁净的感觉，如清洁用品、卫生用品、家居用品等。如图2-1-6和图2-1-7所示，在网页设计中，白色多用作背景色与过渡色。

2.灰色

灰色让人联想到：

正面的：知识、安定、斯文、气质、优雅、成熟、节制、谦逊、创造。

负面的：悲伤、无力、阴暗、荒凉、内向。

灰色象征谦虚、沉默、中庸、忧郁，不凸显自身。灰色具有柔和、高雅的意象，属于中间性格，男女皆能接受，是一种高格调的、有品位感的颜色。

图2-1-8　灰色为主的网页1

图2-1-9　灰色为主的网页2

　　使用灰色时，大多利用不同明度的灰色变化或搭配其他色彩来调和画面的朴素、沉闷。灰色是中性色，同白色、黑色一样是一种无色彩属性的色彩，给人一种柔和、细致、朴素、大方、舒适、优雅的感觉。灰色作为背景色彩非常理想，搭配其他色彩可有效中和华丽、张扬的感觉。如图2-1-8和图2-1-9所示，电子产品、商业经济、军事类网站常常用灰色作为其主色调。

3.黑色

　　黑色让人联想到：
　　正面的：神秘、干练、威严、权威、教养、力量、强势、攻击。
　　负面的：恐怖、不安、绝望、悲伤、沉默、虚无、孤独。

黑色象征崇高、严肃、粗莽、沉默、退缩、沉稳、黑暗，有消极、谦逊的意味，有高贵、稳重、科技的意象。

电视、汽车、音响、仪器的色彩大多采用黑色，生活用品和服饰设计也大多利用黑色来塑造高贵的形象。黑色是万能色，可与任何色彩搭配，同时黑色很酷又极具个性化，被称为永远的流行色，因此也适合用作音乐、时尚、个性化网页的主色调，如图2-1-10和图2-1-11所示。

图2-1-10　黑色为主的网页1

图2-1-11　黑色为主的网页2

4.红色

红色让人联想到：

正面的：热情、感动、勇气、力量、生命力、能量、爱情、温暖、开放、社交性。

负面的：亢奋、攻击、恐怖、危险、欲望、冲动。

红色象征幸福、热情、活泼、温暖，是所有色彩中最鲜艳、纯净的色彩，红色最容易引起注意，在各种媒体中被广泛运用。

红色也常用来作为警告、危险、禁止、防火等标志的指定用色，在中国，红色有着更丰富的内涵和意义，代表喜庆、热烈、革命、忠诚、权力。红色与黑色搭配被誉为"商业成功色"，常被用于时尚前卫、休闲娱乐和个性化网页中。粉红色鲜嫩而充满诱惑，容易营造出柔情、娇媚、温柔、甜蜜、纯真和诱惑等气氛，以这类颜色为主的网页多用于女性主题，如化妆品、服装网站等。如图2-1-12和图2-1-13所示为红色调的网页设计。

图2-1-12　大红色为主的网页

图2-1-13　紫红色为主的网页

5.橙色

橙色让人联想到：

正面的：活力、健康、创造力、能力、快乐、华丽、社交性。

负面的：警告、不安。

橙色象征光明、华丽、甜蜜、快乐、辉煌、动感，极具扩展性。

图2-1-14　橙色为主的网页1

图2-1-15　橙色为主的网页2

　　橙色很容易让人联想到金色的秋天和成熟的果实，是一种快乐而幸福的色彩，同时也是能引起食欲的色彩。在工业安全用色中，橙色是警告色，登山服装、背包、救生衣等常用橙色引起人们的注意。如图2-1-14和图2-1-15所示，橙色多用于餐饮、食品、运动及表现年轻人活力的网站。

6.黄色

　　黄色让人联想到：

　　正面的：快乐、轻快、撒娇、可爱、理解、智慧、幸福、和平、明朗、希望。

　　负面的：卑鄙、妒忌、欺骗、偏见、破坏、神经质。

　　黄色也象征智慧和光明，在中国古代，黄色常用于皇室，是权力和尊贵的象征。

　　黄色是喜庆的用色，象征明朗、高贵、希望、发展、警示，黄色是明度最高的色彩。有警示的作用，是易于引起注意的代表色彩，有集中视线的效果，常用于道路的标志线、禁止通行路障、工程用的大型机器等。如图2-1-16和图2-1-17所示，在网页设计中，黄色多用于商品销售、休闲娱乐、时尚前卫类网站。

图2-1-16　黄色为主的网页1

图2-1-17　黄色为主的网页2

7.绿色

绿色让人联想到：

正面的：生命、丰盛、繁荣、希望、和平、舒适、安定、理性、正直、宽容。

负面的：猜忌、贪婪、腐蚀、自我压抑。

绿色传达了清爽、理想、希望、生长的意味，代表生命、成长。

绿色综合了蓝色的冷静与黄色的活跃，象征着新鲜、安逸、和平、青春、安全、理想，是一种中庸的、明净的、大自然的颜色，能让人联想到伸展着绿叶的树木，展示着大自然的生命力。绿色还可以缓解疲劳，有让视觉"休息"的效果，因此，绿色调网站较适宜长时间浏览，如图2-1-18和图2-1-19所示。绿色给人一种舒适的感受，文化教育与医疗卫生类网站，常常使用绿色作为主色调。

图2-1-18 绿色为主的网页1

图2-1-19 绿色为主的网页2

8.蓝色

蓝色让人联想到:

正面的:博大、高远、开阔、深邃、无限、忠诚、真挚、信赖。

负面的:冷淡、冰冷、紧张、忧郁。

蓝色象征寒冷、深远、沉静、内敛、理智、诚实。

蓝色容易让人联想到天空、大海、平静而开阔的水面,给人冷静、沉稳、永恒的感觉,所以宣传科技和效率的企业和商品,大多选用蓝色作为标准色,如图2-1-20和图2-1-21所示。大多数人比较偏爱蓝色色调,使得蓝色成为网页设计中使用最多的一种色彩。

图2-1-20　蓝色为主的网页1

图2-1-21　蓝色为主的网页2

9.紫色

紫色让人联想到：

正面的：智慧、神秘、幻想、浪漫、神圣、伟大、崇高、高贵。

负面的：悲哀、忧郁、孤独。

紫色象征优雅、高贵、神秘、魅力，具有强烈的女性化特征。

紫色不易与其他色彩搭配，紫色为主色调的网页，往往用不同明度的紫色或紫色的渐变来装饰页面，如图2-1-22所示。紫色具有天然的高贵与冷傲气质，与女性有关的商品和企业形象常常使用紫色，如图2-1-23所示。

图2-1-22　深紫色为主的网页

图2-1-23　紫色为主的网页

练一练

寻找不同类型的网页，观察其中的色彩搭配，分析设计者运用这些色彩的意图。

知识拓展

1. 色彩的味觉效应

色彩的味觉效应来自现实中食品的色调关系长期作用于人的刺激体验，人们经过长期生活经验的积累，形成一种自然的联想能力和条件反射，如图2-1-24和图2-1-25所示，不同的色彩的食品带给人不同的味觉体验。

色彩的味觉感受不完全是一种色彩对应一种味觉感受，很可能一种色彩与多种味觉感受相关，或者某些味觉感受需要多种色彩的搭配才能体现，色彩与味觉的大致对应关系如下：

图2-1-24　色彩丰富的糖果

图2-1-25　黄绿色的柠檬

黄、黄绿色——酸；橙、粉红色、浅褐色——甜；黑、深褐色——苦；红、绿——辣；白、蓝、深灰色——咸；灰绿色、深绿色——涩；白——清淡；黑——厚重。

2. 色彩与性格

性格是人类的特征，色彩本身并没有性格，但由于色彩的象征性与人类性格表现出的一些特征有某些对应的关系，如图2-1-26所示的休闲风格和图2-1-27所示的沉稳风格，因此才让人感觉到色彩与性格是相关联的，如图2-1-28所示。

图2-1-26　休闲风格

图2-1-27　沉稳风格

图2-1-28　不同的色彩,不同的个性

红色象征外向型性格，特点是刚烈、热情、大方、健忘、善于交流、不拘小节；
黄色象征力量型性格，特点是喜欢支配，习惯于领导别人；
蓝色象征条理型性格，特点是个性稳重，不轻易作出判断，易于亲近外向型性格；
绿色象征适应型性格，特点是顺从、听话,善于倾听别人的诉说。

你喜欢什么样的颜色,你喜欢的颜色与你的性格有联系吗?

动手练习 ・・・・・・・・・・・・・・・

　　(1)打开素材文件/模块二/任务一/"2-1-29.jpg",在图中的白色区域内填充色彩,表现出"春、夏、秋、冬"任意一种季节给人的色彩感受。

　　(2)打开素材文件/模块二/任务一/"2-1-30.jpg",在图中白色区域内填充色彩,将"酸、甜、苦、辣"任意一种味道用色彩的方式表现出来。

任务二　搭配网页色彩

【任务导航】

　　不同的色彩属性其意义与作用不相同,搭配网页色彩不是一件随心所欲的事,需要对色彩有清晰的认识和敏锐的判断。本任务通过对不同色彩搭配的分析与比较,让网页美工设计者能够较为系统地理解色彩体系,建立对色彩的理性认识,为下一步运用色彩规律进行网页色彩搭配打下基础。

【知识前导】

　　初学者总觉得色彩知识过于繁复深奥,不便于理解,那就换一种思路,从图2-2-1所示的二十四色色环图出发来简单认识色彩。

　　色彩可以分为非彩色与彩色两大类。非彩色指黑、白和各种深浅不一的灰色,而其他所有颜色均属于彩色。从视觉和心理学角度出发,彩色具有3个属性,即色相、明度、纯度。

一、色相

　　色相指色彩的种类和名称,如红、

图2-2-1　二十四色色环图

橙、黄、绿、青、蓝、紫等不同的色彩,色相是颜色的基本特征,是一种色彩区别于另一种色彩的标准,如图2-2-2至图2-2-5所示不同颜色的事物。

图2-2-2　蓝色的大海

图2-2-3　绿色的树林

图2-2-4　金色的麦穗

图2-2-5　白色的花朵

想一想•••••••••••

你还能说出哪些色彩的种类及名称?

二、明度

明度又称为亮度,指颜色的深浅、明暗程度,如图2-2-6展示了白色到黑色的明度变化。

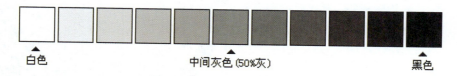

白色　　　　　　　　　　中间灰色(50%灰)　　　　　　　　黑色

图2-2-6　白色到黑色的明度变化

色彩的明度包括两个方面:一是指某一色相的深浅变化,如粉红、大红、深红,都是红色,但一种比一种深(图2-2-1中内环到外环就是同一色相由浅到深的明度变化);二是指不同色相间存在的明度差别,如常见的七彩色中黄色明度最高,紫色明度最低,橙和绿、红和蓝处于相近的明度。如图2-2-7和图2-2-8所示为相同图像不同状态的区别。

图2-2-7　色彩丰富的效果　　　　　　　　图2-2-8　仅有明度关系的效果

想一想················

(1)同一张图片在有色彩关系与无色彩关系时有哪些不同的视觉感受?

(2)不同明度的色彩在生活中的运用。

三、纯度

纯度也称为饱和度,指色彩的鲜艳程度。纯度取决于含有某一种色彩成分的比例,比例越大,纯度越大;比例越小,纯度越小。图2-2-1中处于中间位置的一环纯度最高,向内加入白色,提高了明度,同时降低了饱和度;向外加入黑色,降低了明度,同时也降低了饱和度。色彩越单纯其纯度越高,越混合其纯度越低,在色彩中加入任何其他色彩都会降低其纯度。如图2-2-9至图2-2-11所示为相同图像不同纯度关系时的区别。

图2-2-9　高饱和度色彩　　　图2-2-10　正常饱和度色彩　　　图2-2-11　低饱和度色彩

不同饱和度的色彩关系会怎样影响人的心情？

选择一些色彩感较为平衡的图片改变其饱和度，观察色彩的变化。

四、色彩的冷暖

色彩的冷暖是指不同色彩之间的色彩感觉形成的差别，色彩分为冷、暖两大色调。从图2-2-1中可以清晰地看到从黄色到紫色的连线将整个色环分为两种具有明显冷暖差异的色彩体系：以红、橙、黄为代表的暖色调，以蓝、绿、紫为代表的冷色调，分别如图2-1-12至图2-2-15所示。

图2-2-12　暖色调（黄橙色）

图2-2-13　暖色调（红橙色）

图2-2-14　冷色调（蓝绿色）

图2-2-15　冷色调（蓝黄色）

虽说一般把黄色当成暖色调色彩，紫色当成冷色调色彩，但二者都处于冷暖色调的过渡位置，其实它们的色彩感觉具有不确定性。特别是紫色，人们常说紫色的色彩感觉是一半海水一半火焰，是最具神秘感的色彩，常用于女性网站的主色调。另外，色彩的冷暖还受明度和纯度的影响，浅色感觉冷，深色感觉暖。如图2-2-16和图2-2-17所示的冷暖对比具有很强的视觉冲击力。

图2-2-16　冷暖对比（红蓝对比）　　　图2-2-17　冷暖对比（黄橙、青蓝对比）

想一想••••••••••••••••

从着装的角度解释不同季节服装色彩的变化。

【任务分解】

一、同类色搭配

同类色是指颜色在色相环上的位置十分接近，一般在15°~30°的相邻色彩或同一色相关系中不同明度或纯度的色彩搭配，如深绿色与浅绿色、红色与橙红色等。

同类色搭配可以产生有秩序的渐变感觉，色相差异小，显得协调统一，画面整洁有序，但相同的色彩感觉也容易产生平淡、单调的感觉，如图2-2-18所示。可加大明度与纯度对比来弥补单调感，或加入小面积的其他颜色作点缀。

图2-2-18　绿色的明度变化

同类色搭配是最稳妥的配色方案，色彩搭配比较容易显得规范、美观，如图2-2-19所示是色彩运用初期最易掌握的搭配方式。

图2-2-19　深浅不同的蓝色搭配

二、近似色搭配

　　近似色，是指颜色在色相环上的位置在30°～60°附近，距离较近，颜色之间色相差别不大，如红色与橙色、橙色与黄色、黄色与绿色、绿色与蓝色、蓝色与紫色等。

　　近似色的搭配是一种非常理想的色彩搭配方案，在色相关系上色彩相近而不相同，统一中有变化，变化又不失协调。色彩既有对比又相互调和，视觉关系上能做到清晰明朗、层次丰富。

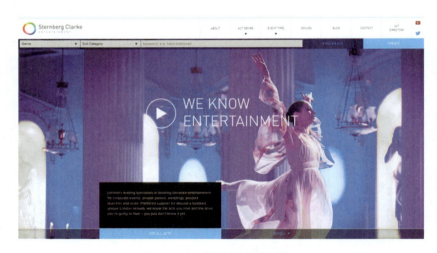

图2-2-20　蓝色与紫色的搭配

　　近似色搭配是最常见、应用范围最广的一种配色方案。配色难度不大却极易出彩，如图2-2-20和图2-2-21所示是最值得思考与运用的色彩搭配方式。

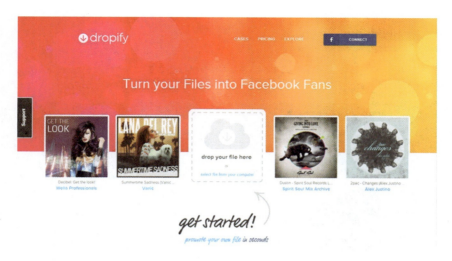

图2-2-21　红色与橙色的搭配

三、对比色搭配

　　对比色是指颜色在二十四色色环图上相差120°左右的色彩,对比色在色相环中位置相距较远,颜色之间共同因素减少,色相差异较大,如三原色(红、黄、蓝)之间或三间色(橙、绿、紫)之间的搭配。

　　对比色搭配属于强对比搭配方案,视觉效果上强烈、鲜亮,画面效果上层次清楚、结构明显,特别易于突出主体,展示亮点,如图2-2-22所示。

图2-2-22　红色与蓝色的搭配

　　由于对比色搭配色相差异较大,色彩有一定的冲突感,在运用时多用深浅不一的灰色作过渡,以降低色彩的不协调性。同时,必须注意色彩的主次之分,加大主色调与辅助色的面积对比,以达到色彩平衡的效果,如图2-2-23所示。

图2-2-23　绿色与橙色的搭配

四、互补色搭配

互补色是指颜色的位置位于色相环直径的两端，相差180°，是距离最远的色彩，色彩共同因素消失，色相差异巨大，如红与绿、黄与紫、蓝与橙是最常见的补色。

互补色搭配是最强烈、最富刺激性的配色方案，互补色对比的画面特别鲜明、艳丽，很容易吸引人的注意力。互补色又极不调和，摆放在一起时，各自的色相感觉会更加明显，如图2-2-24所示。

图2-2-24　紫红色与黄色的搭配

强烈刺激会让人产生不安定感，如搭配不当，容易产生生硬、急躁的效果。因此，要通过调整主色调与辅助色的面积大小，或分散的方法来调节，也可同时提高或者降低互补色的明度或纯度来进行搭配，以降低画面的不适感，如图2-2-25所示。

图2-2-25　红色与绿色的搭配

想一想

（1）总结几种常见色彩搭配模式的优、缺点。

（2）你最喜欢哪种方式搭配色彩，为什么？

知识拓展

在实践操作中，可以用以下5种方法来协调配色效果。

（1）大面积使用低纯度色彩，小面积使用高纯度色彩。

（2）多使用灰色系（如黑、白、灰）色彩作间隔色。

（3）用画面中主要色彩的中间色作为过渡色。

（4）降低双方或者一方色彩的纯度。

（5）提高或降低一种色彩的明度。

动手练习

（1）打开素材文件/模块二/任务二/"2-2-26.psd"，将该网页的配色修改为同类色配色关系。

（2）打开素材文件/模块二/任务二/"2-2-27.psd"，将网页配色修改为对比色配色关系。

任务三　选择网页色调

【任务导航】

浏览不同类型的网站,会发现其色调有很大的差异。网页色调的选择是一项系统工程,网站的类型与风格通常是决定网页色调的主要因素。本任务通过对不同类型、不同风格网站的分析与比较,引导网页美工设计者正确理解网页配色应遵循的原则,使其能快速准确地确定网页的色调。

【知识前导】

网页色调的选择,首先应注重人性化原则和艺术性原则。

人性化原则:网页设计在遵从艺术规律的同时,还要考虑人的生理特点。色彩搭配要给人一种和谐、愉快的感觉,尽量避免采用高纯度、高明度和过于刺激的单一色彩,否则容易造成视觉疲劳。例如,白色和红色,虽然都是让人愉悦的色彩,但刺激性很强,如果大面积使用并不合适。因此,降低视觉刺激的配色看起来会更舒服一些,比如用浅灰色代替白色,提高或者降低红色的纯度或者明度。如图2-3-1所示的网页中,浅蓝、灰色的运用使得画面色彩搭配得当、明度适中,清爽又不失变化,易于让人产生亲近感。

图2-3-1　色调舒适的手绘风格网页

艺术性原则:艺术来源于生活,又高于生活,通常情况下,生活中常见的没必要在网页上简单重复。人们总是喜欢看一些新鲜的、新奇的内容,因此,富有创意感的设计和富于感染力的色彩会增加访问者对网站的兴趣。如图2-3-2所示的网页中,使用了大量点、线的元素,具有明显的构成风格;配色简单又富有变化,具有很强的艺术性。

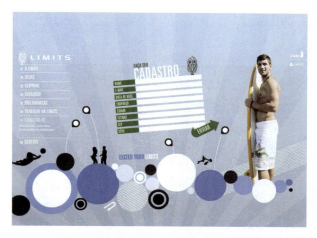

图2-3-2　艺术感强烈的构成风格网页

想一想 ••••••••••••••

你以前是如何确立网页色彩关系的,合理吗?

【任务分解】

一、网站Logo决定色调

几乎所有的网站都有自己的Logo,其作用与商标类似,每一个Logo都是独一无二的,用于展示网站形象,提高网站辨识度。

图2-3-3是Citrus-SEO网站首页设计,使用了网站Logo中飞溅果汁的橙色作为网页的主色调,橙色本就是食品网站的最佳用色之一,而且也与商品本身的色调相关,一举两得。

图2-3-3　Logo中的黄色作为网页的主色调

图2-3-4中肯德基的Logo形象早已为大家所熟知，其网站使用Logo中的红色作为主色调，显得充满热情，也可理解为其食品充满能量。

图2-3-4　Logo中的红色作为网页的主色调

图2-3-5所示网页的色彩搭配来自Logo中降低明度的蓝色与橙色，从色相关系上来说是一组对比色的搭配，色彩对比鲜明而又显稳重，蓝色代表冷静、果敢，橙色代表警示、告诫，十分符合网站的特点。

图2-3-5　Logo中的对比色作为网页的主色调

图2-3-6的Poordesigners网页，Logo的颜色是简单的黑色。Logo外形高端、大气，网页色调与Logo颜色相互呼应，给人一种有品质、有内涵的视觉感受。

图2-3-6 Logo中的黑色作为网页中的主色调

以上4个网页不但展现了常见的Logo类型,同时网页的色彩搭配也是来自Logo本身的色彩关系。使用Logo中的颜色作为网页的主色调是很好的选择,这样规划网页色彩有以下好处:一是Logo的色彩使用较为规范,往往都考虑了网站本身的特点,能更好地展示网站形象;二是Logo与网页色调相互呼应,易于给访问者留下规范、严谨的印象。

练一练 . . . .

查找5组你喜欢的Logo,了解其品牌形象特点,并分析Logo中的色调关系。

二、网站类型决定色调

不同类型的网站在选择色彩搭配关系时往往会有较大的差异,选择色调要与网站的类型、内容相呼应,才能衬托出网站的个性,加深访客对网站的印象。

1.企业形象类

企业网站就相当于一个企业的网络名片,是企业在互联网上进行网络建设和形象宣传的平台。企业网站的作用为展现公司形象,加强客户服务,完善网络业务。

蓝色、红色、白色、灰色常常用于企业形象类网站,如图2-3-7所示,给人带来理性、稳重、高效、安全的视觉感觉,有利于企业品牌形象的建立与提升。如IBM 的蔚蓝色、可口可乐的红色、联想集团的蓝色都与企业形象融为一体,已经成为企业的象征色彩。

2.娱乐休闲类

互联网的飞速发展,产生了很多的娱乐休闲类网站,如电影网站、音乐网站、游戏网站、交友网站、社区论坛等。这些网站为广大网民提供了娱乐休闲的场所。

图2-3-7　使用中低明度色彩搭配的商务网站

　　娱乐休闲类网站的配色特点非常显著，通常设计风格或轻松活泼，或时尚另类，内容综合，表现灵活，多配以大量图片。色彩或鲜艳亮丽，采用饱和度较高的色彩搭配；或简洁明快，采用高明度低饱和度的色彩搭配。具体的选择上如红色、蓝色、绿色、红色与黑色的搭配、蓝色与绿色的搭配等。如图2-3-8和图2-3-9所示，两个同为音乐类网站，但配色风格差异明显。

图2-3-8　配色厚重的音乐类网站

图2-3-9　配色清新的音乐类网站

3.信息资讯类

　　信息资讯类网站将无数信息整合、分类，为上网者打开方便之门，绝大多数网民通过信息资讯类网站来寻找自己感兴趣的信息资源，其中有如搜狐、网易、新浪等大型门户类网站，还有如百度、google等搜索引擎网站，如图2-3-10和图2-3-11所示为搜索类网站设计。

　　由于网站功能定位的问题，这类网站在配色上的变化不大，主要强调协调统一，易于长时间浏览，以符合大多数人的基本审美需求。

图2-3-10　　百度搜索界面设计

图2-3-11　　360搜索界面设计

4.文化教育类

文化教育类网站也是以提供资讯为主,一部分是以宣传学校本身为主,另一部分是提供在线教学、文化服务为主。文化教育类网站有其独特的人文气质和精神内涵,在表现形式上也要充分考虑网站类型的特殊性。

在配色上尽量使用轻松,具有活力的颜色,如红色、蓝色和绿色,如图2-3-12所示。再有就是使用明度较高的颜色,如白色、浅褐色、浅灰色等,如图2-3-13所示。

图2-3-12　红色调的界面设计

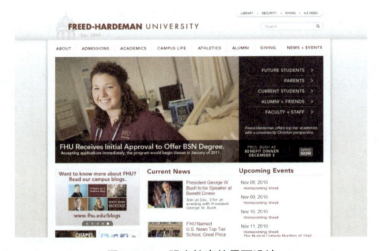

图2-3-13　明度较高的界面设计

5.个性化类

个性化类是以个人名义开发创建的具有较强个性化的网站,一般是个人为了兴趣爱好或展示自我等目的而创建的,具有较强的个性化特色,带有明显的个人色彩,无论从内容、风格、样式上都形色各异、包罗万象。这类网站的用色没有明确的方向性,随心所欲、任意而为，一般会使用平时配色中少见的搭配方式，如多种色彩的混搭、高饱和度色彩与灰色的搭配、黑色与绿色的搭配等，如图2-3-14和图2-3-15所示为个性化网站设计。

图2-3-14　像素化背景网页

图2-3-15　色调丰富的配色设计

想一想

网页的分类并不局限于上述内容，还有哪些类型，它们又有何特点？

三、艺术风格决定色调

不同风格的网站可选择不同的色彩和视觉元素，以达到形式与内容上的统一，这样做更符合人们的认知习惯。例如，奢华主题的网站就要使用看起来贵重、豪华的金色、灰色等色彩。

1.时尚风格

时尚风格适用房地产、珠宝、化妆品、婚纱、时尚服饰等需要特别注重视觉效果的行业。时尚风格类型的设计特色呈现出简约、精致、高品质的感觉。色彩的运用上建议要么使用饱和度高、对比鲜明的色彩，能吸引眼球、烘托气氛的目的；要么使用清爽有透气感的高明度色彩，能给人高品质的感觉，如图2-3-16所示。

图2-3-16　豪华、高贵的时尚风格设计

2.简约风格

简约风格的网站一般没有繁复的元素和色彩,给人一种稳重、干练、大气的感觉。政府机关、大型企业、门户网站等常常使用简约风格的设计。

色彩的选择上多用白底、黑字,各种降低饱和度的色彩(如蓝灰色、绿灰色)和同一色彩的明度变化来表现沉稳大气与协调统一的感觉,如图2-3-17所示。

图2-3-17　简约风格的汽车网页设计

3.自然风格

自然风格适用于休闲度假、旅游观光、户外餐厅等行业。自然风格类网页设计大多会使用户外场景素材来营造出休闲的风格。

自然风格其实是一种贴近真实世界,还原自然状态的感觉,所以色彩的选择上多使用自然界中各种美好的色彩关系,如天的蓝、云的白、树的绿、草的青等,同时为了使画面看上去更加的轻松、惬意,多使用高明度与低饱和度的色彩搭配,如图2-3-18所示。

图2-3-18　自然风格的网页设计

4.古典风格

古典风格主要用于企业形象或商品风格偏向"中国风"或"欧洲古典风"的网页设计。"中国风"网站,通常在设计上会使用一些毛笔字和印章图片来传达中国文化;"欧洲古典风"网站常以复古风格的花纹底图或图案效果来表现柔美复古感。

　　"中国风"网站在色彩的运用中一般常用黑色与白色来表现中国人独特的阴阳理念与水墨世界，用黄褐色来代表历史的积淀与岁月的印记。而"欧洲古典风"的色彩往往用大红、深红与金色营造高贵奢华的感觉，用各种明度较低的色彩营造如油画般厚重的感觉，如图2-3-19所示。

图2-3-19　古典风格的房地产网页设计

5.活泼风格

　　活泼风格适用于主题乐园、童装、学校等以儿童或年轻人为主的网站设计风格。这类网站在页面设计上往往大胆随意、不拘一格，有很强的灵活性，以展现出儿童或年轻人的心理与性格特点。

　　在儿童或年轻人的眼中和心里，世界完全是另一番景象，色彩的选择上或奇异或怪诞，总是那么的与众不同。在具体使用上：一是采用多种高饱和度色彩的搭配，以突出欢快、热闹的效果；二是采用轻快的色彩，也就是高明度的色彩，给人一种充满青春气息，热情有活力的感觉，如图2-3-20所示。

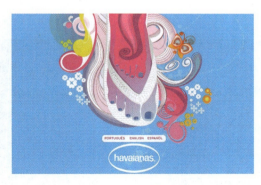

图2-3-20　高饱和度的活泼风格网页设计

6.沉稳风格

　　沉稳风格适用于高档贵重商品网站，高档商品不适合艳丽的色调，低饱和度的暗色调更能体现出产品的价值不菲。男性或者老年人主题的网站也适合这种风格，成熟稳重是男性与老年人的特征。

这类网站的色调通常使用暗淡的色彩作为主色调，灰暗且没有明度的色彩适合表现成熟的风采，低饱和度的颜色能营造出优雅的格调。黑色与灰色、褐色与咖啡色、降低饱和度的红色与紫色等都适用于表现成熟稳重的风格，如图2-3-21所示。

图2-3-21　黑色主色调的沉稳风格网页设计

7.男性风格

男性风格是以男性用户为主的网站，常用于西服品牌、游戏、体育、健身等内容的网站。选用图片带有力量感、厚重感，画面元素多采用直线、折线，空间常常穿插、破碎。

这类网站常常采用成熟稳重的蓝色、棕色；阳刚开朗的红色、橙色；忧郁深沉的黑色、灰色等，如图2-3-22所示。

图2-3-22　刚毅的男性风格网页设计

8.女性风格

在互联网上，女性化的配色占的比重较大，这和女性用品多于男性用品有关，从美容化妆到时尚服饰，从娱乐休闲到衣食住行，生活中女性化产品无处不在。

女性网站色彩设计中，常用提高明度的粉红象征轻快、俏皮的年青女性；用降低明度的暗红象征稳重、高雅的成熟女性；用紫色象征女性的优雅与神秘；用蓝色象征如水般的女性化特征，用蓝色到白色的渐变表现女性的柔情；用白色象征女性的圣洁与天真；用粉黄、明黄象征女性的清纯可爱，如图2-3-23所示。

图2-3-23　柔美的女性风格网页设计

想一想

看了上面这些不同风格网页的分析，思考除了色彩外，还可以从哪些方面表现网页风格？

动手练习

（1）上网查找5组Logo并分析其色彩关系，从中选择一个品牌，并为其做一个形象页设计。

（2）通过色彩的运用，设计一个带有明显艺术风格特征的欢迎页。

任务四　走出配色误区

【任务导航】

在浏览某些网页时，会感觉眼睛难受、头皮发胀。出现这种状况，网页色彩搭配不合理是最常见的原因之一。网页美工设计初学者通常不太注重网页色彩的搭配，通过本任务的学习，让我们帮助初学者走出网页缺乏主色调、文字能见度低、增加视觉负担、风格与主题脱离等配色误区。

【知识前导】

色彩如何运用的问题，有时不需要我们绞尽脑汁去寻找答案。生活中已经存在很多成熟而优秀的色彩搭配方案，如图2-4-1所示。只要平时多注意观察和分析，就能从中汲取色彩搭配的灵感：

浅灰色调适宜制作页面背景，明度高而不刺激，报纸就是这样的浅灰色背景配色方案，如换成高亮度的纯白纸张，版面就会刺目，不宜于阅读。

男士着装强调成熟、稳重，故一般无色彩系的黑、白、灰较多，这和网页中强调沉稳、大气的网站色彩搭配如出一辙，灰色系更显得低调奢华有内涵。

女性服饰色彩丰富，色调或清新脱俗或明艳动人，这和网页设计中女性用品网站的色彩搭配是一样的。

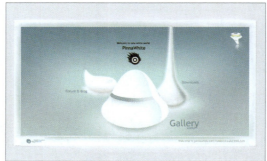

图2-4-1　精彩的网页配色

想一想·················

回忆平时看过的网站，能想起你喜欢的网页和不喜欢的网页吗，并说出原因。

【任务分解】

一、缺乏主色调

在网上常常可以看到这样的网站，网页上的元素众多、色彩凌乱，一个标题就是一种颜色，每个栏目、每个线条颜色都不相同。这样的网页，虽然画面色彩繁多，好像很丰富的样子，但过多的色彩感受只能给人一种复杂混乱的视觉效果，使访问者无法明确识别重点内容，甚至让人觉得难受、反感，不愿意再次访问浏览。

一般来说，色调明确的网页更受访问者欢迎，因为这样的网页主次分明，易于识别、寻找，能减少访问者负担。如图2-4-2所示的配色，虽然只有红色的一种色调，但色调统一、层次分明，视觉效果强烈。

图2-4-2　单一色调的配色

练一练

缺乏主色调是网页美工设计初学者最容易出现的问题，找几张以前设计的网页，观察以前的色调关系是否明确，能否提出修改方案。

二、文字能见度低

人眼识别色彩的能力有一定的限度，由于颜色的同化作用，色与色之间对比强则易于分辨，对比弱则难于分辨，这在色彩学上称为易见度。

　　网页上的色彩通常与文字是结合在一起的，要么成为文字的背景色，要么成为文字本身的颜色，这就出现了文字与背景色的对比问题。对浏览者来说，重要的是文字，因为文字才是传达信息最重要、最直接的元素。因此，网页色彩运用就必须注意文字的可识别性，也就是文字的易见度。

　　文字与背景最简单快捷的搭配方式就是高明度背景上用低明度文字，反之亦然，如图2-4-3和图2-4-4所示，如果背景和文字明度接近或者差别太小，易出现文字无法识别的问题。

图2-4-3　高明度背景下的低明度文字

图2-4-4　背景与文字颜色接近不易识别

　　各种色彩对比的易见度是不同的，黄色在白色背景上的易见度最低，如图2-4-5所示。橙色与任何颜色搭配都很清楚，而且它兼具红色与黄色的优点，柔和明快，易于为人们所接受，如图2-4-6所示。

图2-4-5 黄色在高明度背景中易见度低

图2-4-6 橙色与任何颜色搭配都很清楚

　　黄与白、绿与红、绿与灰、紫与红、紫与黑、青与黑等几种搭配的易见度低,是应该避免使用的色彩组合,如图2-4-7所示。

图2-4-7 易见度低的色彩结合

易见度低的文字色彩组合当然不只有以上几种,你还可试着列举几种出来提醒大家注意吗?

三、增加视觉负担

色彩刺激强度高,画面当然容易引人注目,但这样的色彩不适合大面积使用,否则容易产生视觉疲劳。低明度色彩疲劳度虽小,但容易产生压抑、沉闷的感觉。

一个能有效避免强烈刺激和平淡沉闷的办法就是大面积使用柔和明快的浅色调,而鲜艳的色彩小面积出现,画面呈现出一种既有对比又和谐统一的效果,如图2-4-8所示。

图2-4-8　柔和明快的浅灰色调

在进行网页设计时,可能会遇到各种各样的色调。当遇到暗色调的网页时,为了打破暗色调压抑、沉闷的负面影响,就必须用高明度或高饱和度的色彩来调和,如图2-4-9所示。暗色调对视觉刺激较弱,不易引起视觉疲劳,只要注意消除暗色调的负面影响即可。

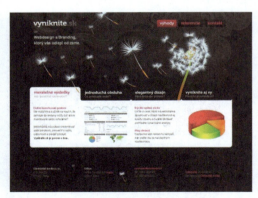

图2-4-9　暗色调用高明度、高饱和度色彩调和打破沉闷、压抑的气氛

黄色是彩色系中明度最高的,对视觉刺激性较大。蓝色的特性是沉稳、平静、内敛,而且是明度较低的色彩,如图2-4-10所示使用蓝色与黄色调和能有效地抑制黄色带来的视觉刺激。

图2-4-10　蓝色可以调和黄色对视觉的刺激

红色是彩色系中最鲜艳的色彩，对视觉刺激十分强烈，长时间对着大面积的红色会产生烦躁、焦虑的情绪，很容易引起视觉疲劳。如果必须要用红色作背景，如图2-4-11所示使用低明度、沉稳、消极的色彩与其搭配可有效抑制红色的视觉刺激。

图2-4-11　红色背景用深褐色、黑色等色彩调和视觉关系

想一想……………………

通过以上学习，总结应该如何避免增加视觉负担？

四、风格与主题脱离

每一个网站都有自己的气质、风格，但在互联网上却常常可以看到这样的现象，一个年轻人的网站用了沧桑厚重的配色，一个奢华酒店的网站采用了简洁明快的风格，这样的做法明显背离了主题，会造成形象传达不准确、不合理。例如，设计促销活动的网站，就要尽量使用热烈活泼的色彩，如图2-4-12所示。

设计一个成熟稳重风格的别墅网站，最好不使用鲜艳、亮丽的色调，而是应使用厚重沉稳的灰色调，即使页面中有比较鲜艳的色彩，也要降低其饱和度，使其更沉稳大气，如图2-4-13所示。

网页配色涉及生理学、心理学、美学等多个学科，不同的色彩能带来不一样的心理效应，例如，美国的国旗由红、白、蓝三色组成，这3种色彩的排列在美国人心目中能唤起爱国主义情感，但对其他国家的人可能就没有这样的感受。色彩引起的知觉预期能够影响特定人群的感受，因此，色彩的选择要十分慎重，不能随心所欲。

图2-4-12　热烈活泼的高饱和度色彩

图2-4-13　稳重大气的灰调子(低饱和度)风格

想一想

风格与主题是一脉相承的,除了活泼与稳重风格的网页,其他风格的网页配色应该如何选择?

动手练习

　　(1)分析别人的问题与错误是避免自己出现问题与错误的有效方法,按前面所学的知识,分小组寻找最少3种你认为有问题的网页,并写出分析说明。

　　(2)红色因为其色彩鲜艳、刺激的特点,是一种网页设计中经常使用的色彩,但这样的特点也使得很多红色网站看上去不顺眼。通过上面的学习,试着设计一个让人赏心悦目的红色调网站。

模块三　网页文字设计

模块综述

　　文字是人类文明重要的组成部分与表现形式，经过几千年的演化发展，形成了各具特色的文字体系。在网页设计中，文字是网页构成的重要组成部分,字体的美感、文字的编排都对版面的视觉传达效果有着直接的影响。本模块通过认识文字与字体、文字设计原则、网页文字排版、网页字体设计等内容的学习与练习，引导网页美工设计者合理地编排和运用文字，构建内容丰富、图文并茂的网页。

　　通过本模块的学习，你将能够：

- 了解字体的演变与发展；
- 熟悉常用字体的应用规律；
- 掌握网页文字设计的原则；
- 掌握字体设计的基本方法。

任务一　认识文字与字体

【任务导航】

　　要在网页中运用好字体，首先应了解文字字体的发展与演变，了解常用字体的特征与性格，清楚不同字体的适用场合。本任务通过对中外字体字形结构的分析与比较，让网页美工设计者能够辨明文字与字体的风格特征，为下一步字体的选择、运用、版式设计、字体设计打下基础。

【知识前导】

　　虽然各个民族文字的发展与演变有所差异，甚至历史上很多非常有影响的文字都最终退出了历史舞台，但总的来说，文字的发展与演变过程一般可分为5个阶段：

一、图形文字时期

图形文字时期是文字发展的萌芽时期。楔形文字、古埃及象形文字（见图3-1-1）、中国的图形文字、玛雅文字（见图3-1-2）是这一时期文字发展的代表。

图3-1-1　古埃及象形文字

图3-1-2　神秘的玛雅文字

二、符号文字时期

符号文字时期是文字发展的雏形时期。中国甲骨文（见图3-1-3）、腓尼基字母、古希腊字母（见图3-1-4）、古罗马字母是这一时期文字发展的代表。

图3-1-3　中国甲骨文

图3-1-4　古希腊字母

三、书法文字时期

书法文字时期是表现文字情感和书写者个性的时期。中国的书法字体（见图3-1-5）、西方的手写体（见图3-1-6）是这一时期文字发展的代表。

图3-1-5　中国书法作品

图3-1-6　英文印刷体与手写体

四、印刷文字时期

印刷文字时期开创了文字发展的一个新时代，强调文字的信息传达功能。宋体（如图3-1-7所示的《金刚经》）、罗马体（如图3-1-8所示的古登堡圣经）是东西方早期印刷文字的代表。

图3-1-7　世界最早的印刷物《金刚经》

图3-1-8　古登堡圣经

五、字体设计时期

从19世纪工艺美术运动至今，文字的发展进入了强调文字视觉传达功能及审美功能的时期，如图3-1-9和图3-1-10所示的现代字体设计。

图3-1-9　汉字字体设计

图3-1-10　英文字体设计

请同学们想想你所熟悉的中、英文字体有哪些,你知道它们是怎么分类的吗?

【任务分解】

一、认识汉字字体

汉字仍然保留了象形文字图画的感觉,字形外观规整为方形,笔画形态上呈现出丰富的变化,每个独立的汉字都有各自的含义,汉字在运用上更注重形意结合。

1.书法体

纵观世界文艺发展历史,中国书法作为中华民族所独有的艺术形态呈现,历经几千年的更新衍变,成为独树一帜的艺术精粹,它不仅是中国的艺术,更是人类世界不可或缺的瑰宝。

（1）甲骨文

甲骨文主要是指中国商代后期用于占卜记事而刻在龟甲和兽骨上的文字。甲骨文的特点是瘦弱纤细,由于受到书写工具的限制,所以笔画较直,线条细而硬,呈现平直、瘦劲的风格。甲骨文形体结构还没有完全定形,一个字如何去写并不固定,保留着浓重的描画物象的色彩。它是中国已发现的古代文字中体系较为完整、时代最早的文字,如图3-1-11所示。

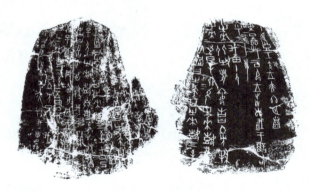

图3-1-11　甲骨文拓片

（2）金文

商周是青铜器时代,青铜器中礼器以鼎为代表,乐器以钟为代表,“钟鼎”是青铜器的代名词。金文就是指商周时期铸刻在青铜器上的文字,故也称为钟鼎文。金文是甲骨文的直接继承,线条一般较为简易,字形结构开始趋于规范方正,但字体结构仍不稳定,仍保留着描画物象的色彩,如图3-1-12和图3-1-13所示。

图3-1-12　毛公鼎　　　　　　　　　　　　　图3-1-13　金文拓片

（3）篆书

篆书有大篆与小篆之分。大篆的代表为今存的石鼓文，因刻于石鼓上而得名，是流传至今最早的刻石文字。大篆是继承金文发展而来，字体与小篆相近，但字形的构形多重叠。大篆风格遒劲凝重，字体结构整齐，线条化已经完成，打下了方块字的基础，如图3-1-14左图所示。

秦灭六国，丞相李斯受命统一文字，这种文字就是小篆，通行于秦代。小篆字体形态偏长、匀圆齐整，由大篆衍变而成。小篆笔画更加圆润，转角处都带有弧线，几乎完全摆脱了图画文字的特征，把线条化与规范化发展到了完善的程度，如图3-1-14右图所示。

图3-1-14　篆书拓片

（4）隶书

隶书由篆书演化而来，由于在木简上用漆写字很难画出圆转的笔画，为书写便捷，于是将篆书圆转的笔画改为方折，书写速度更快。隶书的出现，是古代文字与书法的一大变革，并由它派生出草书、楷书、行书各种字体，为书法艺术的繁盛奠定了基础，如图3-1-15所示。

图3-1-15　隶书拓片

（5）楷书

楷书又称正书，或称真书，其特点是形体方正，笔画平直，有"可作楷模"之意，故名楷书。楷书始于东汉，盛于唐代。楷书在摆脱古代汉字图形意味这一点上，比隶书更进一步，它完全是由完备的笔画组成的方块符号，汉字的方块字从此定型，如图3-1-16所示。

图3-1-16　楷书作品

（6）行书

行书产生于东汉末年，是介于楷书、草书之间的一种字体，可以说是楷书的草化或草书的楷化。它是为了弥补楷书的书写速度太慢和草书的难于辨认而产生的。笔势不像草书那样潦草，也不像楷书那样端正。楷法多于草法的称为"行楷"，草法多于楷法的称为"行草"，如图3-1-17所示。

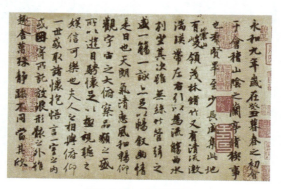

图3-1-17　行书作品

（7）草书

自有汉字以来，不同的字体都有相应的草体，但"草书"成为一种字体出现是在东汉以后，是为书写简便在隶书基础上演变而来，有章草、今草、狂草之分。章草是隶书的草写体，笔韵变化有章法可循；今草是章草的延续，不拘章法，笔势流畅，不易于辨认；狂草出现于唐代，笔势狂放不羁，成为完全脱离实用的艺术创作。草书把其他字体繁复的笔画用寥寥数笔勾画出来，达到高度简化、快速书写的目的，有一定的进步意义，如图3-1-18所示。

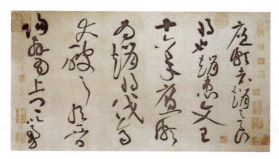

图3-1-18　草书作品

2.印刷体

印刷字体具备标准的字形和统一的规格，能适应不同读者的阅读习惯和印刷品工业化加工的要求。汉字最早的印刷体，是宋代出现的为适应印刷排版而产生的宋体，另外一个应用非常广泛的就是近代产生的黑体（其产生的准确时间与发展脉络尚存较大争议）。

由于多方面的原因，汉字印刷体并没有得到充分的发展，在很长时间之内，提到汉字印刷体仿佛就只有宋体、黑体以及它们的变体。经过长期的发展，特别是受到西方现代设计思想的影响与计算机的普遍使用，各式各样、形态各异的印刷体层出不穷，使得现在无论艺术设计还是文档处理，在字体选择上越来越丰富。

由于印刷体种类太多，下面只对最具代表性的宋体和黑体进行简要说明。

（1）宋体

宋体是在北宋雕版刻书字体的基础上发展而来的，包括老宋、仿宋、长仿宋以及笔画粗细变化的中宋、粗宋等。宋体具有字形方正、横细竖粗、撇如刀、点如瓜子、捺如扫等特点，其风格典雅工整、严肃大方，如图3-1-19所示。

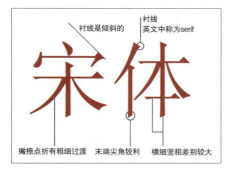

图3-1-19　不同宋体的不同变化

宋体被称为通用印刷体,字形方正、笔画优美。用大号字时工整严肃不失变化,用小号字时清秀典雅便于识别,书籍、文档的正文几乎都使用宋体。

（2）黑体

黑体也称方体、等线体,因字体较粗、方黑一块而得名,包括雅黑、美黑、仿黑以及笔画粗细变化的细黑、粗黑等。黑体具有横竖粗细一致、方头方尾的特点,其风格浑厚有力、朴素大方、引人入胜,如图3-1-20所示。

黑体字结构严谨,笔画单纯,是最适合作为标题出现的字体。通常书籍、文档的正文内容较少使用黑体,而设计作品的正文内容会经常使用黑体。

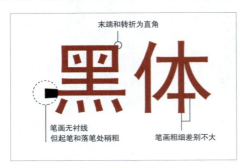

图3-1-20　不同黑体的不同变化

3.其他常用汉字字体

汉字字体发展到今天,传统书法体和传统印刷体都已发展出很多的变体,而其他字体更是如雨后春笋般不断涌现。新字体的产生一是对传统字体的笔画、结构进行修改与变化,二是对汉字进行全新设计,出现了很多效果新奇的POP字体、设计字体、艺术字体和名人字体等。书法体与印刷体本来泾渭分明的界限也变得越来越模糊,如图3-1-21所示。

图3-1-21　其他常用汉字字体

练一练

（1）教师展示不同的书法体与印刷体文字，让学生进行识别。

（2）按图3-1-21的方式，将计算机中的常用字体进行排版，并记忆字体效果。

二、认识拉丁字母字体

世界上应用拉丁字母的国家有60多个，它已成为世界通用的字母。拉丁字母按语音排列从A~Z，共有26个字母，除了其本身的大、小写区分外，还有与之风格一致的阿拉伯数字。其字母外形各异、富于变化，与汉字相比，拉丁字母在字体整体设计上具有一定的优势。

公元前1000年，腓尼基人的文字发展较快，当时已有19个字母。后来，希腊人吸取了腓尼基人的文化，创造了古希腊字母。此后，罗马帝国强盛，又把古希腊字母改为古罗马字母，经过漫长的历史，演变成今天的拉丁字母。如图3-1-22所示为拉丁字母的演变与发展和图3-1-23所示漂亮的"罗马大写体"字母。

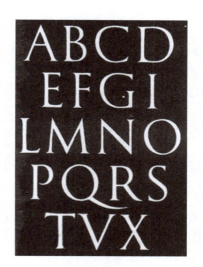

图3-1-22　拉丁字母的演变　　　　图3-1-23　典雅美观的"罗马大写体"

为使文字整齐美观，需为字母设立共用的限制线条，以限制文字的各种尺度。拉丁字母的构成元素为横线、斜线、衬线、幼线、干线、脊线、线珠、喙突、圆曲及字腔等，如图3-1-24所示。

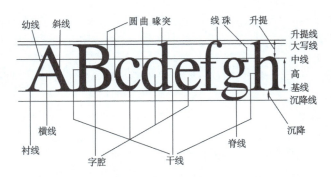

图3-1-24　拉丁字母的构成元素

衬线是笔画末端的装饰线，它是字体上笔画多变的主要部分，因此拉丁字母的字体主要分为两大类：有衬线字体与无衬线字体，如图3-1-25所示。

图3-1-25　衬线体与无衬线体的区别

下面来认识在现代拉丁字母世界中具有较大影响力的几种代表性字体：

1.无处不在的Helvetica字体

Helvetica字体是世界上最著名的流行字体之一，字形干净、清晰，易于辨认和快速阅读，如图3-1-26所示。Helvetica字体家族已成为很多数字印刷机和操作系统中不可缺少的一部分。无数的Logo都在使用Helvetica字体，如美国航空、BWM、松下、三星等。

图3-1-26　Helvetica字体

2.衬线之王Garamond字体

Garamond字体用途广泛、易读性非常高、适合大量且长时间阅读，西方文学著作常用Garamond字体来做正文，如图3-1-27所示。苹果电脑、高级餐厅的菜单和高档红酒的酒标上，也通常能见到这种古典而优雅的字体。

3.清晰可读的Frutiger字体

Frutiger字体由瑞士设计师Adrian Frutiger设计的。设计师的目标是制作一个新的无衬线字体，既保留了Univers字体整洁美观的特点，又加入了Gill Sans字体的有机元素，最终形成了Frutiger字体清晰可读的特点，如图3-1-28所示。

图3-1-27　Garamond字体

图3-1-28　Frutiger字体

4.印刷之王Bodoni字体

Bodoni字体以出版印刷之王Giambattista Bodoni的名字命名，他是一位多产的字体设计师，也是一名伟大的雕刻师，他设计的字体被誉为现代主义风格最完美的体现。Bodoni字体给人以浪漫而优雅的感觉，用在标题和广告上更能增色不少，如图3-1-29所示。

5.时尚的代名词Didot字体

Didot字体代表了衬线体现代风格的顶峰，它既保留了传统古罗马字体的经典衬线，又拥有现代风格的锋利切角，极其适合时尚杂志的封面大字和标题字体。Didot字体并不是所有的字号看起来都很棒，在不同的字号段内，Didot字体的笔画粗细都需要作专门的调整，这使得Didot字体显得特别有个性，如图3-1-30所示。

图3-1-29　Bodoni字体

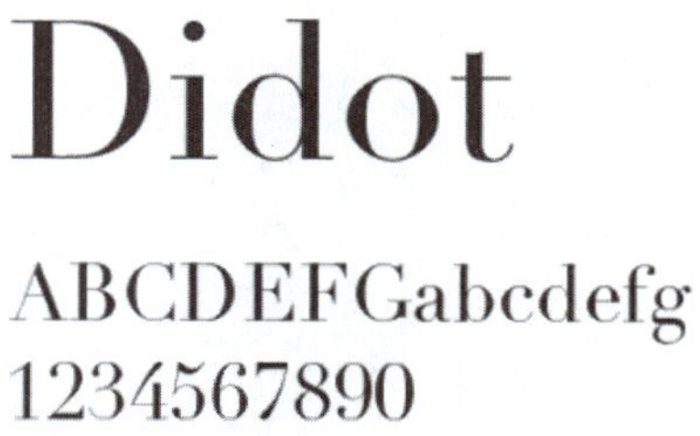

图3-1-30　Didot字体

练一练

选择衬线字体与无衬线字体各5组，让学生进行判断。

三、字库

字库是中文字体、外文字体以及相关字符的电子文字字体的集合，被广泛用于计算机、网络及相关电子产品上。字库一般有以下分类方式：

①按字符集分为中文字库、外文字库、图形符号库；

②按语言分为简体字库、繁体字库、GBK字库等；

③按编码分为GB2312、GBK、GB18030等；

④按品牌分为微软字库、方正字库、文鼎字库、华文字库、迷你字库等；

⑤按风格分为如汉字的宋体、黑体、楷体、隶书、魏碑、POP字体等，如拉丁字母的文书体、哥特体等；

⑥名人字体常见的有舒体（舒同）、启体（启功）、康体（康有为）、兰亭（王羲之）、静蕾体（徐静蕾）等。

丰富的字库让我们在使用字体时有了更多的选择，好的字体能让网页文字排版更漂亮、阅读更方便、内容更耐看。但字库不是万能的，赏心悦目的文字效果不是依靠更多地字体来实现的。了解网页设计中如何选择与使用文字，才是做出漂亮网页文字设计的关键。

知识拓展 · · · · · · · · · · · · ·

计算机中默认的字体不多，很难满足对于字体的不同需求。网络上可搜索到很多的字体文件，一般都以压缩包的形式出现，下载后解压复制到字体文件夹中，这时我们再使用如Word、Photoshop等软件时，在其字体选项中就能看到安装好的字体了。

试一试 · · · · · · · · · · · · ·

下载一些字体并进行安装，比比哪种字体更漂亮、更实用。

动手练习 · · · · · · · · · · · · ·

（1）安装素材文件夹中提供的中、英文字库文件。

（2）打开素材文件/模块三/任务一/重庆教育管理学校校赋，进行书法字体排版的网页页面设计，图片素材自行上网查找。

（3）打开素材文件/模块三/任务一/法拉利汽车，进行印刷字体排版的网页页面设计，图片素材自行上网查找。

任务二　文字设计原则

【任务导航】

　　文字是记录语言的符号,网站中80%以上的信息是使用文字进行传达的,任何网页元素都无法代替文字的作用,它不仅是网站信息传递的主要载体,也是网页中必不可少的视觉艺术传达符号,文字设计的好坏直接影响整个网站的视觉传达效果。

【知识前导】

　　无论使用汉字的中文网页,还是使用其他文字的外文网页,即使在文字的风格特点与视觉感受上有着明显的差异性,但都十分注重网页文字设计在整个网页效果中的作用。通过分析下面两张网页中的文字设计,来体会不同文字在视觉效果上的差异。

　　图3-2-1是一个电影宣传网站的欢迎页面,整个页面设计用电影人物形象和传统水墨风格作为背景,显得古色古香,韵味十足。文字都经过精心设计与排版,特别是影片名称"画皮"二字的字体设计,既具古典气息又有现代设计风格。

图3-2-1　古典风格的汉字文字设计

　　图3-2-2是一个英文网页,暗紫色的色调使得整体感觉沉稳大气,而文字设计中不同字体线条粗细的变化及字号大小的变化比例得当,画面空间结构合理。更精彩的是画面中的部分英文字母进行了非常漂亮的立体化设计,显得现代感十足。

图3-2-2　现代风格的拉丁字母文字设计

试一试......

找一找有着漂亮文字设计效果的网页,思考文字设计对页面效果起到了哪些作用?

【任务分解】

一、统一性

文字设计的风格应与网页主题类型相一致。不同主题类型的网页需要不同的文字风格来配合,而不是孤立地进行网页文字设计。

1.政府机构类

政府机构网站文字一般应具有庄重、严肃、规范的特性,字体造型规整而有序,简洁而大方。如图3-2-3所示的警察局的网页文字,字体浑厚有力,色彩单纯简洁,有助于传达严谨有序、稳重规范的信息。

图3-2-3　政府机构类网站庄重的文字风格

2.新闻资讯类

新闻媒体网站文字一般具有简练的特点，字体造型清新简洁，易于阅读。如图3-2-4所示的是著名的"波士顿环球报"的电子版网页，由于网站类型的原因，视觉效果可能不如很多网站漂亮，但版面清晰明了、文字清爽干净，适合长时间浏览。

图3-2-4　新闻主页易于辨认阅读的文字风格

3.企业形象类

根据行业性质、企业理念或产品特点，文字设计可活力十足、可格调高雅、可深沉内敛。苹果公司的网页设计一直以来都是网页设计中模仿的重点，白色的背景搭配各种灰度的文字，显得纯净整洁、格调高雅，如图3-2-5所示。

图3-2-5　灰、黑色的文字与白色背景搭配显得清新高雅

4.娱乐休闲类

娱乐休闲类网页文字编辑应具有欢快轻盈的风格，字体生动活泼、清新明快，有鲜明的节奏感和韵律感。如图3-2-6所示的文字设计，字体时尚大方，色彩相互呼应，不拘一格的运动感觉非常强烈。

图3-2-6　色彩跳跃的文字彰显运动风格

5.个性化类

个性化网页的文字在设计上表达出了与众不同的性格特征，给人一种独特、新奇的强烈印象。如图3-2-7所示，网页中的主题文字是用分解重构的方式对标志文字"Academy"进行了重新设计，字体形象似曾相识，又似是而非，设计感强烈，易于吸引眼球。

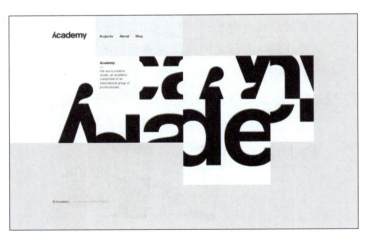

图3-2-7　个性化风格的网页文字设计

想一想..............

你还知道哪些类型的网页，这些网页中的文字设计又有怎样的特点？

二、可读性

文字最终要为传达信息服务,杂乱无章、难于辨识、缺乏可读性的文字无法承担传达信息的任务。因此,明确、清晰应是大多数网页文字的基本要求。人的视觉对于过大、过小、过粗、过细的文字形态需要花费更多的时间去识别,而合理的文字排列与分布会使浏览变得轻松顺畅,视觉感受适宜的文字色彩配置也能够加强网页界面的可读性,如图3-2-8所示。

图3-2-8 适合浏览的网页文字设计

三、整体性

网页页面中由于内容不同、重要性不同必然会使用多种字体,但多种字体之间应有一定的内在联系,要避免效果差异太大而影响阅读。功能与形式必须相一致,形式表现必须符合功能要求。大量信息出现在网页上时,应将各部分统一规划,使整体感加强的同时又有变化,这样不仅信息传达明确,而且又具有清晰明了的视觉效果,如图3-2-9所示。

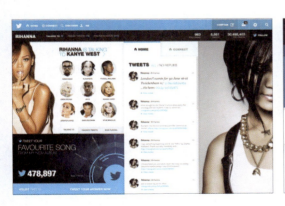

图3-2-9 整齐有序的文字设计

四、艺术性

文字具有传达情感的功效、网页文字设计也成为人们对审美的需求，因此它必须具有视觉上的美感。突出文字的艺术性与个性色彩，合适的字体选用、巧妙的文字组合、优秀的字体设计能给人以良好的视觉感受，有利于表现网页想要传达的信息，有利于提升网站品质和形象，如图3-2-10所示。

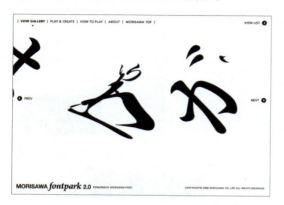 

图3-2-10　艺术感强烈的文字设计

试一试

寻找几个文字设计艺术性较强的网页，并分析其中文字的使用特点。

动手练习

（1）"变形金刚5"即将在中国内地各影院上映，为扩大影片的影响力，请你为其设计一个中文官方网站欢迎页面。

（2）为展现自我风采，张扬个性与魅力，以"飞扬的青春"为主题，为你自己设计一个介绍自己的网页。

任务三　网页文字排版

【任务导航】

网页文字排版包括文字的字体选择、字号选择、间距设置、色彩选择、编排等方面。网页文字是网页中最重要的组成部分，而网页文字无论是内容本身、字体属性、文字编排都千差万别,恰当地使用网页文字,科学合理地对网页中的文字进行基本属性调整与文字编排,是网页文字排版的基本要求。

【知识前导】

要做好网页文字效果,在对待文字设计上,切勿将文字简单地视为创意之外的一个次要的、只为阅读而存在的内容,而要将文字作为整体设计中的一个设计元素对待,考虑其在整个设计中的作用、位置、形状。既要考虑文字、间距与色彩关系这些基本属性,也要考虑整个页面中文字的编排效果。

图3-3-1 优秀的文字格式调整

如图3-3-1所示的网页展示了很好的文字基本属性调整,画面中文字内容不多,但字体的选择,文字的大小、间距等都把握得很好。无衬线的英文文字很好地迎合了画面的干净、简洁的设计。

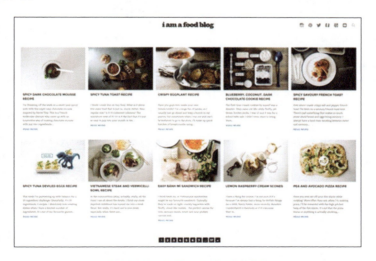

图3-3-2 优秀的文字编排设计

如图3-3-2所示的是一个食品网站页面，对于有很多文字内容的网页来说，文字编排非常重要。不同的文字内容要进行不同的样式设计，用不同的字体和字号区分不同层次的文字效果，不同层次的文字内容之间要注意间距的控制，使文字排版显得整齐规范、井然有序。

【任务分解】

一、字体选择

设计者可用字体更充分地体现设计中要表达的情感，字体选择是一种感性、直观的行为，选择字体的一些原则只能是一种相对适合的标准，不能绝对化。基本的原则是文字信息表达清晰、与主题内容不冲突、视觉效果舒适。

1.字体粗细

字体纤细，会显得比较有艺术气息，字形也非常优美；字体变粗，效果明显增强，会传递强而有力的印象。其实为了丰富网页文字效果的表达，粗细字体搭配使用效果会更好。字体怎么用没有固定的标准，主要根据需要与内容而定，如图3-3-3和图3-3-4所示。

图3-3-3　视觉效果强烈的粗字体　　　　　图3-3-4　优雅高贵的细字体

2.标题文字

标题一般要用粗字来表示，如果用细字作标题，会让人觉得内容没有价值。粗字热情而细字冷静，粗字给人有精神、有力量的印象，适合于强调戏剧性信息与富有活力感的网页，如图3-3-5所示。

3.正文文字

正文文字一般字形较小，故多采用笔画较细的文字，笔画间隙明显，以加强字体的辨识性。正文内容主要考虑字体的清晰与阅读的便利，无论汉字或者英文，同一段正文内容都会用相同的设置，尽量不改变字体的粗细，否则会降低字体的辨识性，如图3-3-6所示。

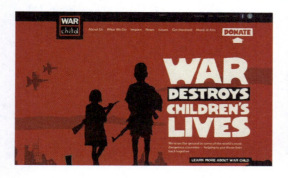

图3-3-5　粗字体易于明确表达主题和引起注意

图3-3-6　同一正文内容粗细一致易于识别

知识拓展 · · · · · · · · · · · ·

（1）在同一页面中，字体种类少，界面雅致，有稳定感；字体种类多，则界面活跃，丰富多彩。总的来说，同一页面的字体种类不宜过多，否则会显得杂乱无章。

（2）粗体字强壮有力，有男性特点，适合机械、建筑、电子产品等网页内容；细体字高雅细致，有女性特点，更适合服装、化妆品、食品等网页内容。

（3）无衬线体文字比较适合时尚、现代、简洁和相对男性化的设计中；衬线体文字一般运用在传统、高端、庄重和相对女性化的设计中。

二、字号选择

大字号文字能产生强调和突出作用，一般用于标题、主题文字；小字号文字容易产生整体感和精致感，一般用于正文和辅助信息。

字号大小可用不同的方式来表示，如磅（point）、像素（pixel）。因为网页文字是通过显示器显示，因此建议采用像素（简写为px）为单位。

英文字体与汉字相比而言，笔画没有是否复杂一说，英文的小字体总是能显得很简洁、清晰，绝大部分英文网站的主体内容都选择小号字体，如9px、10px、11px、12px、13px的字号在英文网页中十分常见，如图3-3-7所示。

图3-3-7　无论大小字号都很清晰的英文字体

网页中的中文不能照搬英文字号的选择，主要是因为两种字体表现形式完全不一样，中文字号在10px以下看不清，一般要达到12px才能体现出不错的效果。就目前来看，12px和14px大小的宋体在阅读性和美观性上是结合得最好的。若比12px再小的话，就会失去阅读性和美观性；若比14px大的话，阅读性当然是有的，但是美观性就差了一些。所以几乎所有网页中的中文都是用这两个字号来表现正文内容的，如图3-3-8所示。

图3-3-8　汉字在小字号的选择上有一定的局限性

大字号文字没有明确的大小限制，标题文字一般用16px、18px、20px的字号，主题文字或字体设计内容可以做到非常大的字号甚至于用文字代替图片作为页面的主体形象存在，所以大字号文字主要根据需求确定具体大小。

三、间距设置

间距设置的内容包括字距设置与行距设置两个方面。

字距与行距的调整能直接体现设计作品的风格与品位，也能够影响读者的视觉和心理感受。字距与行距本身是具有很强表现力的设计语言，为了加强界面的装饰效果，可以有意识地加大或缩小字距与行距。加大字距与行距可以体现轻松、舒展的情绪，应用于娱乐性、抒情性的内容恰如其分，如图3-3-9所示；缩小字距与行距适用于表现有张力感觉的内容，同时因为间距的缩小会产生简练、有力、时尚等感受，如图3-3-10所示。

图3-3-9　加宽字距有轻松的视觉感受

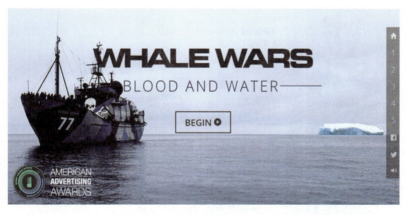

图3-3-10　小字距适合表现有张力的内容

另外，行距的变化也会对文本的可读性产生很大影响。一般情况下书籍、文档中行距的常规比例为10∶12，即字号为10px，则行距为12px，而设计作品中可以适度提高行距的比例。行距过小会造成文字的混乱，行距过大则会使文字失去延续性，适当的行距会形成一条明显的水平空白条，以引导浏览者的目光，如图3-3-11所示。

图3-3-11　适当的行距有引导阅读的作用

字距与行距变化不是绝对的,关键要根据设计的主题和内容进行灵活处理。

四、色彩选择

在网页文字设计中,文字色彩对整个文案的表达会产生很大的影响。加强或减弱文本的色彩表现强度,会有视觉导向效果,对浏览者从视觉上分清网页内容的主次有明显的引导作用。使用不同色彩的文字可以使想要强调的部分更引人注目。

文字是信息传达的第一要素,文字清晰明确是用色的第一标准(除非有意减弱文字易见度)。实现上述目标其实很简单,原则上浅色背景上用深色文字、深色背景上用浅色文字,用色彩明度的差异性加大文字与背景的对比度,使文字边缘清晰明了。

虽然网页文字的色彩丰富多样,但黑色与白色始终是使用最广泛、最频繁的色彩,特别是在正文文字的色彩选择上更是如此,如图3-3-12和图3-3-13所示。

图3-3-12　主体为黑色的网页文字

图3-3-13　主体为白色的网页文字

从网页本身色彩搭配或主题图片中选择色彩，作为网页文字的色彩是不错的方式。需要注意的是，一定要选择页面中比较明显的颜色，或者说选择图像元素的主要色彩，才能使网页文字与网页本身形成视觉上有联系的整体，如图3-3-14和图3-3-15所示。

图3-3-14　从主题图片中选择色彩作为文字色彩

图3-3-15　从图像元素中选择色彩作为文字色彩

练一练

设计一个婚纱摄影网站的婚纱样式效果页面，要求运用文字基本属性调整的知识表现出不同文字内容的不同效果。

五、对齐方式

网页里的正文段落是由许多单个文字经过编排组成的群体，不同的段落对齐方式会产生不同的段落形状，要充分发挥文字整体形状在整体布局中的效果和作用。

1.两端对齐

文字排版可以横排也可以竖排，只要左右或上下的长度对齐，这样的字群组合就显得整齐、端正、严谨、大方、美观。要避免平淡，可选取不同的字体穿插使用。两端对齐的文字排版容易与图片形成整齐划一的组合感，如图3-3-16所示。

图3-3-16　两端对齐的文字排版

2.一端对齐

一端对齐的排版能产生视觉节奏与韵律的形式美感。通过左对齐或右对齐的方式使行首或行尾自然形成一条清晰的垂直线。另一端任其长短不同,能产生虚实变化,又富有节奏感。左对齐符合人们的阅读习惯,有亲切感,如图3-3-17所示。右对齐可改变人们的阅读习惯,会显得有新意,有一定的格调。

图3-3-17　一端对齐的文字排版

3.居中排列

以中心轴为准,文字居中排列,左右两端字距相等。这种编排形式可令视线集中、中心突出,显得优雅、庄重、有个性。不足之处在于阅读起来不太方便,此形式适宜文字不多的版面编排。将文字居中排列,用于网络广告中,有利于主题信息的传达,如图3-3-18所示。

图3-3-18 居中对齐的文字排版

4.文字绕排

文字围绕图片边缘排列，这种穿插形式的应用非常广泛，能给人以亲切、自然、生动和融洽的感觉。如图3-3-19所示的排版虽然不是传统的文字绕图排版，而是图文混排，但在视觉效果上更具设计感和冲击力。

图3-3-19 图文混排的绕图编排

5.自由编排

自由编排在形式上具有不确定性，是使版式更加自由、更加活泼、更加新颖、更具动感的一种编排形式。倾斜和弯曲的文字有助于加强版面的活泼与动感，易于突出视觉焦点，但要注意保持版面的完整性，如图3-3-20所示。

图3-3-20　自由编排的文字设计

练一练 ‧‧‧‧‧‧‧‧‧‧‧‧‧‧

使用同一素材内容进行网页设计,要求使用不同文字编排方式进行设计。

动手练习 ‧‧‧‧‧‧‧‧‧‧‧‧‧‧

（1）主要运用文字基本属性调整的知识为"天猫商城"设计一个关于"双十一购物狂欢季"的活动宣传页面。

（2）主要运用对齐方式选择的知识,为三星手机设计一个关于最新上架产品的浏览网页。

任务四　网页字体设计

【任务导航】

在进行网页美工设计时,无论安装了多少字库,但很多时候还是感觉找不到适合运用的字体,不能完全传达想要表现的创意,这时就需要进行字体设计。由于字体设计的难度与复杂性,一般来说,需要进行字体设计的往往是网页中最为重要和最为明显的Logo、标题或主题文字。

【知识前导】

字体设计就是使原有的字形发生变化,使它产生出新的造型,通过这样的变化,使原本呆板或表达不够强烈的文字产生出强烈的感情色彩，从而达到加强传达信息的目的。

如图3-4-1所示是北京奥运会会徽设计图案，它是借中国书法之灵感，将北京的"京"字演化为舞动的人体，"文字图形化"的设计思路十分明显。手写的"Beijing 2008"借汉字形态之神韵，将中国人对奥林匹克的千万种表达浓缩于简洁的笔画中。

图3-4-1　北京奥运会"舞动的北京"字体设计

想一想......

生活中还有哪些给你留下深刻印象的字体设计？

【任务分解】

一、字体设计原则

字体设计是一项需要大胆想象，更要细心求证的严肃工作，为更好地指引我们完成字体设计，应该遵循以下原则：

1.可视原则

文字的主要功能是在视觉传达中向大众传达信息，而要达到此目的必须考虑文字的整体诉求效果，给人以清晰的视觉印象，如图3-4-2和图3-4-3所示。进行字体设计时，不能单纯为追求视觉效果而随意变动字形结构、增减笔画致使文字难以辨认。如果失去了文字的可视性，无论字形多么富于美感，这一设计无疑是失败的。

图3-4-2　中文字体设计　　　　　图3-4-3　英文字体设计

2.适合原则

　　文字设计重要的一点在于要服从表达主题的要求,不能相互脱离,更不能相互冲突,破坏文字的诉求效果。尤其在商品的文字设计上,一个商品品牌有其自身内涵,将它正确无误地传达给消费者,是字体设计的目的,否则设计就失去了意义。

　　根据文字字体的特性和使用类型,文字的设计风格大致可分为以下4种:

　　(1)秀丽柔美

　　字体优美清新,线条流畅,给人以秀丽柔美之感。如图3-4-4所示的字体,适用于女性用化妆品、饰品、日常生活用品、服务业等主题的网页。

图3-4-4　柔美的字体设计

　　(2)简洁有力

　　字体造型规整,富于力度,给人以简洁爽朗的现代感,有较强的视觉冲击力。如图3-4-5所示的字体,适合于现代、科技、男性化主题的网页。

图3-4-5　简洁的字体设计

　　(3)活泼有趣

　　字体造型生动活泼,有鲜明的节奏韵律感,色彩丰富明快,给人以生机盎然的感受。如图3-4-6所示的字体,适用于儿童用品、运动休闲、时尚产品主题的网页。

图3-4-6　活泼的字体设计

（4）古朴典雅

字体饱含古时之风韵，能带给人们一种怀旧感觉。如图3-4-7所示的字体，适用于传统产品、传统艺术、古典风格等主题的网页。

图3-4-7　典雅的字体设计

3.美学原则

文字作为视觉传达中的形象要素，必须具有视觉上的美感，给人美的感受。强调节奏与韵律，创造出更富表现力和感染力的设计，把内容准确、鲜明地传达给受众，是文字设计的重要课题。优秀的字体设计能让人过目不忘，既起着传递信息的功效，又能达到视觉审美的目的，如图3-4-8所示；而字形设计丑陋粗俗、组合零乱的文字，视觉上难以产生美感，看后也会让人心里感到不愉快。

图3-4-8　漂亮的字体设计

二、字体设计方法

无论是汉字还是拉丁字母，任何字体的形成、变化都体现于基本笔形和字形结构。基本笔形和字形结构是字体构成的本质因素，任何字体的创意从这两个根本源点上进行开发，都可从字体的本质构架上创造出新的字体形象。

下面从字体设计的具体方法入手，来看看怎么快速有效地设计出漂亮的字体。

1.统一形态

统一形态即在每一字的某一笔画中加入统一的形象元素，如图3-4-9所示。

图3-4-9　加入统一形象的字体设计

2.笔形变化

拉长或缩短、加粗或变细字体的笔画，如图3-4-10所示。

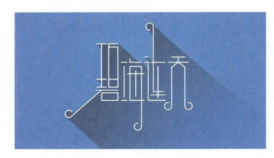 

图3-4-10　笔形变化的字体设计

3.加入图形

在文字中适当加入图形元素以丰富字体形态和传达信息，如图3-4-11所示。

图3-4-11　加入图形元素可以丰富字体表现

4.替换笔画

用与文字或内容相关的图形替换原有的笔画,如图3-4-12所示。

图3-4-12　图形替换笔画让字体更有韵味

5.笔画共用

分析笔画的内在联系,借助笔画与笔画的共性巧妙组合,有时文字并不恰好合适,需要主动寻找出可以相互利用的笔画,或改变笔画的长短等方式来达到目的,如图3-4-13所示。

图3-4-13　笔画共用的字体设计

6.笔画相连

字与字之间通过可塑性较强的笔画或笔画上的装饰,使之有机连接贯穿,使一组字变成一个整体,如图3-4-14所示。

 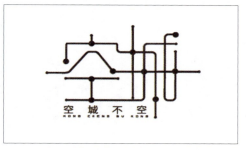

图3-4-14　笔画相连的字体设计

7.删减

删减文字一部分区域或笔画,使文字出现缺损但又不破坏文字的可识别性,如图 3-4-15所示。

图3-4-15　删减产生想象和残缺美

8.重叠

可单字重叠,也可双字或多字重叠,目的是为了产生层次感,一般是后面的笔画叠住前面的笔画,副笔画叠住主笔画,或相互重叠,如图3-4-16所示。

1.镶嵌　2.错叠　3.交叠　4.透叠

图3-4-16　重叠产生空间感的变化

9.线条留白

在字体笔画里做缝隙效果,缝隙可以是空隙,也可以是有色线条,如图3-4-17所示。

图3-4-17　线条留白的字体设计

10.线条等分

用线条等分文字,产生虚实变化的动态效果,如图3-4-18所示。

图3-4-18　线条等分的字体设计

11.穿针引线

在文字中间加入一根直线或曲线,以打破呆板的效果,如图3-4-19所示。

图3-4-19　穿针引线的字体设计

12.涟漪效果

从字体的边缘到字体内部添加多条线条,使文字产生水波纹的效果。添加的线条可以是等宽的也可以是渐变的,如图3-4-20所示。

图3-4-20　涟漪效果的字体设计

13.实心效果

只保留字的外轮廓，中间笔画省略。设计时，一定要注意字的外形特征，如国、团等全包围结构的文字不宜采用此类设计方法，如图3-4-21所示。

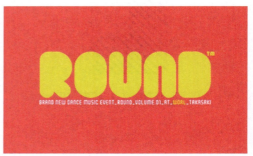

图3-4-21　实心效果的字体设计

14.背景设计

在文字的背景上添加与字体相关的图形，使文字更具视觉美感，如图3-4-22所示。

图3-4-22　背景设计加强字体的表现力

15.突破外形

强调文字外形特征，使方者更方，圆者更圆，长者更长，特征更鲜明；也可以在外形角度上作斜形、弧形、波浪形、放射形等变化排列，如图3-4-23所示。

图3-4-23　突破外形的字体设计

16.形状替换

用几何形状替换文字的笔画，从而形成具有现代感的字体，如图3-4-24所示。

通过平时的观察和学习后的思考，你还能总结出哪些字体设计方法？

17.形状修饰

将几何形状添加到文字的背景上衬托文字，外框的形状可以是圆形或方形的，也可以是不规则形状的，文字可突破外框也可以不突破外框，如图3-4-25所示。

图3-4-25　形状修饰的字体设计

18.立体效果

所示。

图3-4-26　强烈空间感的立体效果设计

在字体设计过程中，以上的各种字体设计方法既要相互结合又要相互补充，很多时候这些方法都要结合在一起使用。字体设计的方法有很多，只有不断总结尝试，才会设

模块四 网页元素设计

模块综述

内容丰富的网页往往受到浏览者的青睐，大多数网页都包含Logo、导航、广告、色彩、文本、图片、动画、链接等元素。合理地设计与布局网页元素，更能有效地展示网站风格、突显网站主题、增强视觉吸引力、提升用户体验，以致提高用户点击率和延长访问时间。本模块通过设计网页Logo、设计网页导航、设计网页Banner、设计网页广告等内容的学习与练习，帮助网页美工掌握网页元素的设计与制作方法。

通过本模块的学习，你将能够：

- 掌握网页Logo的制作与设计方法；
- 掌握网页导航的制作与设计方法；
- 掌握网页Banner的制作与设计方法；
- 掌握网页广告的制作与设计方法。

任务一 设计网页Logo

【任务导航】

Logo是网站与其他网站相互链接的标志和门户。要设计出优秀的网站Logo，首先要知道Logo的设计原则，了解网站Logo规格；通过对不同类型Logo的分析、比较，弄清其风格特征，为网站Logo设计奠定基础。

【知识前导】

简单地说，Logo就是标志、徽标的意思。标志在企业形象传递过程中，是应用最广泛、出现频率最高，同时也是最关键的元素。网站Logo主要是各个网站用来与其他网站链接的图形标志，代表一个网站或网站的一个板块。它可以反映网站及制作者的某些信息，特别针对商业网站而言，从中可以了解网站的类型和内容。

Logo的设计要能够充分体现企业的核心理念，并且设计要求简约、美观、大气、独特，让人印象深刻。网站Logo设计应遵从以下原则：

①符合企业VI设计的总体要求，网站的Logo设计与企业的VI设计一致。

②标志设计一定要注意识别性，识别性是企业标志的基本功能。

③设计要符合作用对象的直观接受能力、审美意识、社会心理和禁忌。

④构思力求深刻、巧妙、新颖、独特，表意准确，能经受住时间的考验。

⑤构图要凝练，美观；图形、符号既要简练、概括，又要讲究艺术性。

⑥色彩要单纯、强烈、醒目，与企业的形象风格相符。

【任务分解】

一、Logo设计欣赏

1.图形型Logo

图形型标志用形象表达含义，相对于文字标志而言，更为直观和富有感染力，主要分为抽象型标志和具象型标志。

（1）抽象型标志

抽象型标志语言是高度形式化的，它的最大优点是把某种特殊的性质准确地抽取出来，为某些概念或结构的动态式样赋予具体的几何形状，使人对其有一个整体的和形象的把握，如图4-1-1所示。

（2）具象型标志

具象型标志是以具体事物的形来加工设计而成的，它的形来源于现实又高于现实的真实。而其中又分为表象性和象征性两种，如图4-1-2所示。

图4-1-1　工商银行标志　　　　　　图4-1-2　世界自然保护基金标志

2.文字型Logo

文字型标志以文字、名称为表现主体。文字标志的题材一般是企业、组织的相关文字,如名称、简称、首字、缩略词等,有时也会抽取个别有趣的字设计而成标志。文字标志以语音的视觉化为特点,在作为视觉符号的同时,又具有语言和语音功能,其可发音的属性能增强记忆,如图4-1-3所示。

3.图文结合型Logo

图文结合型标志是由图形与文字相结合构成词语的形象性,表达音中有图、图中有音的图形特征,而重形还是重音,只能侧重一方,这种标志歧义性小,但容易复杂,须简洁明了,如图4-1-4所示。

图4-1-3　IBM公司标志

图4-1-4　Motives商标

二、网站Logo制作实例

图4-1-5为一慈善机构网站的Logo,此Logo由椭圆、圆、多边形等几个简单的几何形状构成,构图简洁明了——孩子、家、太阳;色彩上以蓝色为主,辅以橙色对比,较为醒目;表意准确,寓意给缺少家庭关爱的孩子一个安宁、温暖的家,让他们拥有一个美好的明天。整个标志简单、大方、易懂,给人印象深刻。

图4-1-5　慈善机构网站Logo

操作步骤

①新建文档600×550px,分辨率72px/in,RGB颜色,背景白色。

②创建渐变填充图层"底色",如图4-1-6所示。

③用椭圆形状工具,画黑色椭圆,按住"Ctrl+T"快捷键旋转变形,如图4-1-7所示,得"椭圆"层。

④复制"椭圆"层,得"椭圆副本"层。为了醒目,将颜色改为白色,按住"Ctrl+T"快捷键缩小变形,如图4-1-8所示;再添加图层样式,如图4-1-9所示。

图4-1-6　渐变填充

图4-1-7　变换椭圆

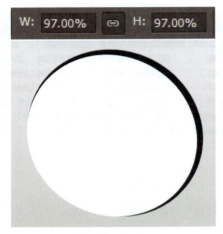

图4-1-8　缩小

图4-1-9　渐变叠加

小窍门

按住"Ctrl"键单击图层缩览图,可快速获取图层对象选区。

⑤创建"高光"层,调出"椭圆副本"选区,填充白色;用多边形套索作如图4-1-10所示选区,删除选区图形;并添加图层蒙版,填充黑白直线形渐变,图层不透明度设为80%,如图4-1-11所示。

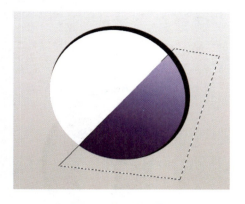

图4-1-10　添加高光

图4-1-11　用蒙版处理高光

⑥创建"两相连椭圆"层,画如图4-1-12所示的两个白色椭圆。

⑦创建"人物"底层,用钢笔绘制如图4-1-13所示的形状,复制一层"人物"改为白色,适当缩小变形,图层不透明度设为50%,如图4-1-14所示;添加图层蒙版,用多边形套索工具勾勒如图4-1-15所示的选区,填充50%灰色。

图4-1-12　画椭圆

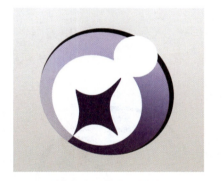

图4-1-13　人物阴影

图4-1-14　人物

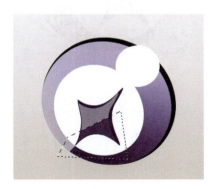

图4-1-15　用蒙版处理人物

⑧创建"太阳"层,画黑色正圆。添加图层样式,如图4-1-16所示。

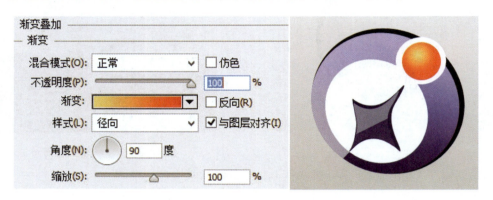

图4-1-16　渐变叠加

⑨创建"太阳高光"层,画一个小的白色正圆,图层模式改为柔光,如图4-1-17所示。

⑩创建"人物头部"层,用椭圆形状工具画出人物的头部,填充颜色#01014a;并添加"投影"图层样式,如图4-1-18所示。

图4-1-17　太阳高光

图4-1-18　人物头部

⑪创建"月牙"层,用钢笔画绘制月牙形状,填充颜色#fe5807,如图4-1-19所示。

⑫创建"阴影"层,用柔角画笔添加一个阴影,用动感模糊滤镜美化阴影,如图4-1-20所示得到最终效果图。

图4-1-19　月牙形状

图4-1-20　阴影

动手练习

用字母CQ与动物图形相结合,设计"重庆动物保护学会"标志(图片素材自行上网查找),要求如下:

(1)规格:尺寸大小880×310px,分辨率72px/in,RGB颜色,以.psd格式保存;

(2)图形表达准确,有一定创意;

(3)构成协调,有美感;

(4)色彩运用准确;

(5)写50~100字设计说明。

任务二　设计网页导航

【任务导航】

导航决定了用户如何与网站进行交互。如果没有了可用的导航,那么,网站内容就会变得毫无用处。如何才能设计出美观又实用的导航呢?

【知识前导】

按钮和导航栏是网页中的导航元素。二者密不可分,将按钮以一定形式组合在一起就形成了导航栏。按钮和导航栏在网页中的主要作用为链接目标文件,是网页中不可或缺的要素。

按钮在网页中可分为两种:一种是有提交功能的按钮;另一种即为导航按钮,用于链接目标文件,方便用户快速浏览相应内容。

导航栏用于显示和链接站点主要栏目,让用户了解站点内容分类,并引导用户快捷访问网站内容。根据导航栏放置的位置可分为横排导航栏和竖排导航栏。为了让网站信息可以有效地传递给用户,导航栏的设计一定要简洁、直观、明了,但还要包含一些必要的元素来引导用户浏览整个网站——融入一些有创意且漂亮的设计。

【任务分解】

一、导航设计欣赏

1.三维导航设计

　　网站导航不局限于常见的平面化设计,越来越多的网站喜欢使用立体感强的三维导航。折纸是最常用的表现形式,如图4-2-1所示。

图4-2-1　三维导航

2.说话气泡导航设计

　　把导航菜单设计成讲话的气泡形状,也是一种流行的趋势,如图4-2-2所示。

图4-2-2　说话气泡导航

3.图标导航设计

由于视觉上的吸引力，人们正越来越多地将图标应用到导航栏的设计中。合理运用图标能给设计增加亮点，它不仅吸引眼球，还有助于用户进行视觉识别，增强网站交互性，如图4-2-3所示。

图4-2-3　图标导航

4.图片导航设计

在某些个性化网站导航设计中引入矢量图，丰富了页面形式，使得网页别具一格，妙趣横生，为网站增色不少，如图4-2-4所示。

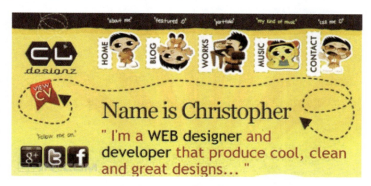

图4-2-4　图片导航

5.圆角导航设计

圆角经常用来软化规整的矩形，其按钮外观是为了吸引用户单击，如图4-2-5所示。

6.不规则形状导航设计

大多数网站导航栏都是采用规则边角设计的，因此在特殊的网站设计中能使用一些不规则形状的导航菜单，既可以摆脱俗套让人耳目一新，又可以为整个网站设计带来生机和活力，增强网站吸引力，如图4-2-6所示。

图4-2-5　圆角导航

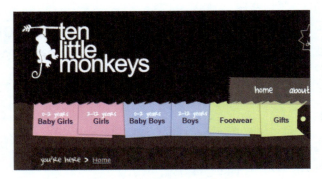

图4-2-6　不规则形状导航

7.JavaScript 动画

JavaScript 技术使 Web设计人员只用几行代码的网页元素即可容易创建动画，设计师们最近一直在使用功能多用又美观的JavaScript，如图4-2-7所示。

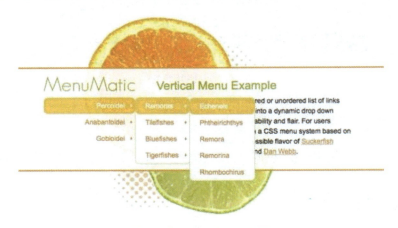

图4-2-7　JavaScript动画

二、按钮制作实例

图4-2-8为一独立按钮。此按钮基本形状为圆角矩形，辅以矩形的电子书图标，外

形和主题文字均呈较强的立体感;色彩上大面积采用了橙色,辅以红色点缀,明快、艳丽,有较强的视觉吸引力。

图4-2-8　按钮效果

操作步骤

(1)新建文档600×400px,分辨率72px/in,RGB颜色,背景白色。

(2)新建"底色"图层,添加图层样式,如图4-2-9所示。

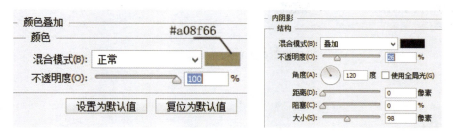

图4-2-9　底色

(3)创建"按钮基本形状"组。

①新建"形状"图层,选用圆角矩形工具,设置半径为30px,画圆角矩形;添加图层样式,如图4-2-10所示。

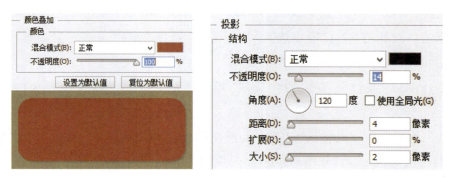

图4-2-10　圆角矩形

②复制"形状"图层得"形状副本"图层,添加如图4-2-11所示的图层样式;选择移动工具,将"形状副本"适当向上移动几个像素,得立体按钮。

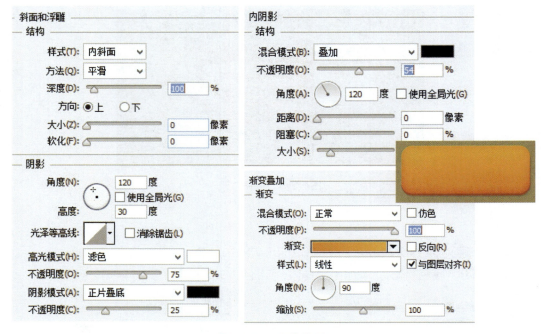

图4-2-11　立体按钮

小窍门

图层太多需分组管理时,可选中相关图层,按住"Ctrl+G"键,即可将选中的图层放入一个新建的组中。

③制作"条纹"图案。新建文档3×3px,分辨率300px/in,RGB颜色,背景透明。用矩形选框工具做如图4-2-12所示选区,填充黑色,选择"编辑"→"定义图案",命名为"条纹"。

④新建图层"条纹",获取按钮选区,填充"条纹"图案;填充设置为10%,如图4-2-13所示。

⑤选用横排文字工具输入"Click Here To Get Yours Now",添加"外发光""投影"图层样式,如图4-2-14和图4-2-15所示;输入"Just for signing up for our weekly newsletter!",添加"外发光""颜色叠加""投影"图层样式,分别如图4-2-14至图4-2-17所示。

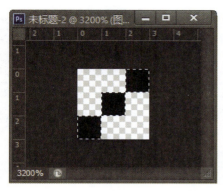

图4-2-12　制作条纹

图4-2-13　填充图案

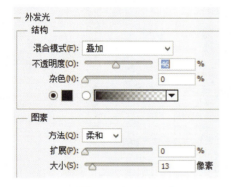

图4-2-14　外发光

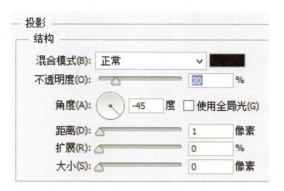

图4-2-15　投影

图4-2-16　颜色叠加

图4-2-17　投影

小窍门

选中文本后，按住"Alt"键后，按向左、向右箭头，可快速增大或减小字符间距。

⑥用自定义形状工具绘制手形图形，添加"外发光""投影"图层样式，分别如图4-2-14至图4-2-17所示。

按钮基本形状效果如图4-2-18所示。

（4）创建"e-book"组。

①新建图层"内页1"，作矩形选区，填充颜色#f6f6f6。

②复制"内页1"得"内页2"，添加图层样式"描边"。选择移动工具，将其向下、向右各移动1px；用同样的方法，得其他内页，如图4-2-19所示。

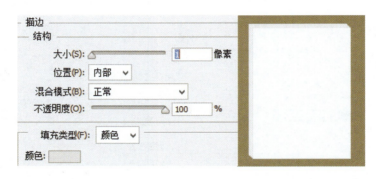

图4-2-19　书内页效果

③新建"书脊"图层，用钢笔工具绘制如图4-2-20所示的路径，将其转换为选区，填充颜色#ededed。

④复制"书脊"得"书脊副本"，添加"颜色叠加"图层样式；添加图层蒙版，将多余的部分隐藏，如图4-2-21所示。

图4-2-20　填充颜色

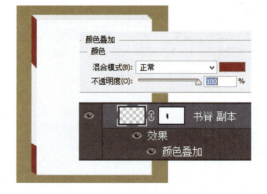

图4-2-21　书脊效果

⑤新建"封面中"图层，做矩形选区，填充白色。按住"Ctrl+T"自由变换，右击选择"变形"，将白色矩形调整成如图4-2-22所示的形状。

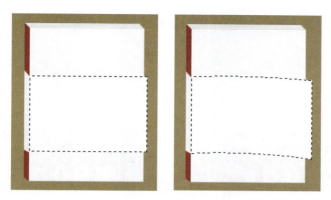

图4-2-22　变形效果

⑥新建"封面上"图层，用钢笔工具绘制路径，转化为选区后，如图4-2-23所示，填充颜色#d40b0b。

⑦新建"封面下"图层，用钢笔工具绘制路径，转化为选区后，如图4-2-24所示，填充颜色#d40b0b。

图4-2-23　封面上部

图4-2-24　封面底部

⑧选用横排文字工具，分别输入"EBOOK""YOUR AWESOME""WWW.AWESOMEBOOK.COM"，选用适当的文字变形，为每个文字图层添加"描边"样式，如图4-2-25所示。

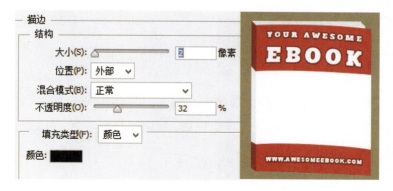

图4-2-25　输入文字

⑨新建"封面图案"图层，选择"自定形状工具"，绘制图案，填充颜色#d40b0b，如图4-2-26所示。

⑩新建"高光"图层，多边形套索工具绘制选区，羽化5个像素，用白色到透明的渐变填充，如图4-2-27所示。

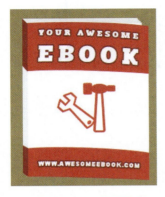
图4-2-26　添加图案

图4-2-27　高光效果

⑪新建图层"阴影"，用柔角画笔工具，在书底部画阴影，如图4-2-28所示。

（5）利用自由变换，调整"e-book"组的大小、位置，放在按钮右侧合适位置上，如图4-2-29所示。

图4-2-28　添加阴影

图4-2-29　自由变换效果

三、导航栏制作实例

图4-2-30为一水平导航栏。在导航栏的设计上，引入了图标，增加了设计亮点；主页按钮采用立体设计，有助于用户进行视觉识别，增强网站交互性。色彩上以灰色为主色调，辅以青色，简洁醒目。

图4-2-30　水平导航栏

操作步骤

（1）创建文档

新建文档1002×300px，分辨率72px/in，RGB颜色，背景白色。

（2）创建"导航栏背景"组

创建"导航栏背景"组，如图4-2-31所示。

①创建图层"底色1"，选择圆角矩形工具，设置半径为10px，绘制圆角矩形的大小为950×60px，添加如图4-2-32至图4-2-34所示的图层样式。

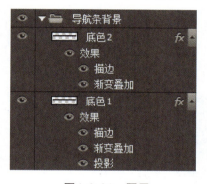

图4-2-31　图层

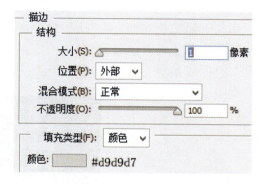

图4-2-32　描边

图4-2-33　渐变叠加

图4-2-34　投影

小窍门

较之"编辑"→"描边"，使用图层样式"描边"更灵活，可随时对描边宽度等进行修改。

②复制"底色1"得图层"底色2"，修改"描边"如图4-2-34所示。导航栏背景如图4-2-35所示。

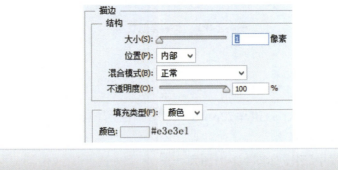

图4-2-35 描边

（3）创建"分隔线"组

在其下新建"分隔线1"图层，用单列选框工具做1px宽的线条，填充颜色#ffffff；再用单列选框工具紧挨着做1px宽的线条，填充颜色# bfbfbd；添加图层蒙版，将导航栏外多余的线条隐去。复制"分隔线1"，得其余分隔线条，效果如图4-2-36所示。

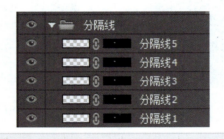

图4-2-36 分隔线

（4）新建"激活菜单背景"图层

用矩形工具绘制矩形，添加如图4-2-37至图4-2-39所示的图层样式，其效果如图4-2-40所示。

图4-2-37 描边

图4-2-38 内阴影

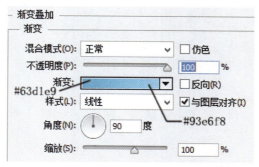

图4-2-39　渐变叠加

图4-2-40　导航栏背景效果

（5）创建"Home菜单背景"组（见图4-2-41）

①新建"底色1"图层，用钢笔工具绘制如图4-2-42所示的路径，转化为选区，填上任意颜色。添加如图4-2-43至图4-2-45所示的图层样式。

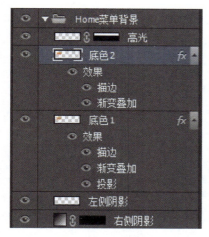

图4-2-41　图层

图4-2-42　绘制路径

图4-2-43　渐变叠加

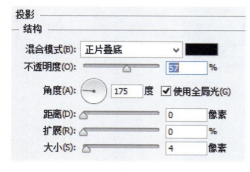

图4-2-44　投影

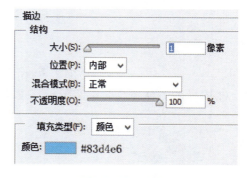

图4-2-45　描边

②复制图层"底色1"得"底色2",修改"描边"如图4-2-46所示,效果如图4-2-47所示。

图4-2-46　描边

图4-2-47　两次描边后Home菜单效果

③新建图层"右侧阴影",用钢笔工具绘制路径,转化为选区,渐变填充,如图4-2-48所示。

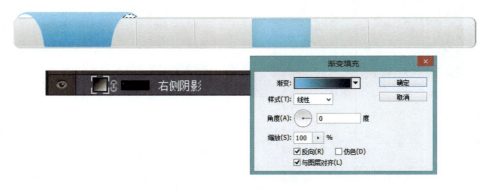

图4-2-48　右侧阴影

④同样的方法制作"左侧阴影",如图4-2-49所示。

图4-2-49　左侧阴影

⑤新建"高光"图层,用矩形选框做矩形选区,适当羽化,填充白色。不透明度设为40%,如图4-2-50所示。

图4-2-50　添加高光

(6)新建图层"搜索框"

新建图层"搜索框",绘制圆角矩形,半径为20px,如图4-2-51所示;添加图4-2-52至图4-2-54所示的图层样式,效果如图4-2-55所示。

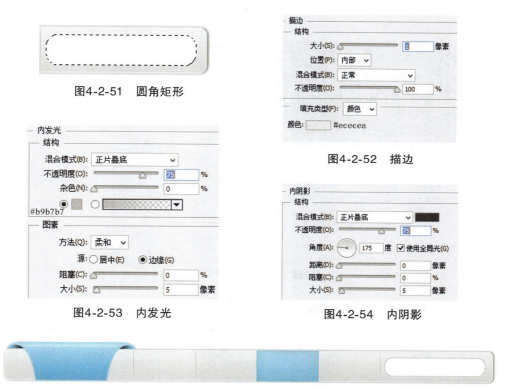

图4-2-51　圆角矩形

图4-2-52　描边

图4-2-53　内发光

图4-2-54　内阴影

图4-2-55　收搜框效果

(7)创建"文字"组

选择合适的文字字体,"Home"字号为8点,其余文字字号均为4点;为"Feed"添加"投影"图层样式,如图4-2-56所示。

(8)创建"图标"组

导入素材库中的图片文件,利用"颜色叠加"将所有图标设定成灰色;为"Feed"添加"投影"图层样式;为"Cart""Guide""Info"添加"斜面和浮雕"图层样式,制作凹陷效果,最终效果如图4-2-57所示。

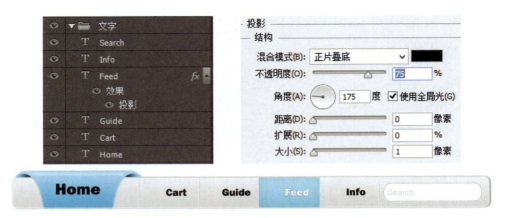

图4-2-56　添加文字

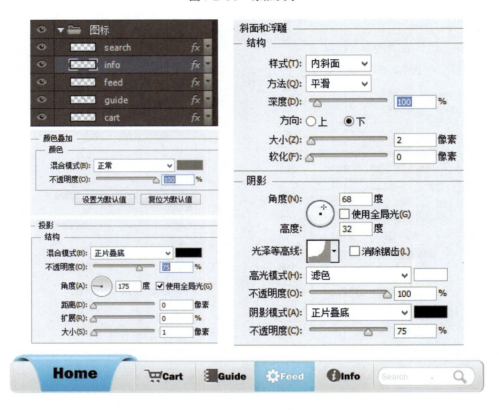

图4-2-57　添加图标

动手练习

（1）为"重庆动物保护学会"网站制作横向导航栏，要求如下：

①规格：尺寸大小760×60px，分辨率72px/in，RGB颜色，以.psd格式保存。

②导航栏设计不仅要美观，还要重点突出。

③栏目自定（至少5个），所需素材自行上网查找。

（2）为"动物领养"链接页面设计一款立体按钮，尺寸240×120px，分辨率72px/in，RGB颜色，以.psd格式保存。

任务三　设计网页Banner

【任务导航】

Banner，即网幅广告、旗帜广告、横幅广告，一般是使用GIF、JPG格式的图像文件。可使用静态图形，也可用多帧图像拼接为动画图像。动画Banner比静态或单调的Banner更具优势。

一个页面最醒目最吸引用户的应该是Banner了。Banner主要体现意旨，形象鲜明地展示所要表达的内容；特别是首页的Banner，直接决定了用户的停留。

【知识前导】

好的构图可以提升产品的品质感，也可利用各种构图方法，突出想要表达的内容，传达出该Banner真正目的，吸引用户的单击。常见的Banner构图样式有以下6种。

1.垂直水平式构图

平行排列每一个产品，每个产品展示效果都很好，各个产品所占比重相同，秩序感强。如图4-3-1所示。

2.三角形构图

多个产品进行三角形构图，产品立体感强，产品之间所占比重不同；正三角形构图稳定自然，空间感强，如图4-3-2所示；倒三角形构图，动感活泼失衡，运动感、空间感强，如图4-3-3所示。

图4-3-1　垂直水平式

图4-3-2　正三角形

图4-3-3　倒三角形

3.渐次式构图

多个产品进行渐次排列，产品展示空间感强，每个产品所占比重不同，由大及小，构图稳定，次序感强，利用透视引导指向广告文案，如图4-3-4所示。

4.辐射式构图

多个产品进行辐射式构图，产品空间感强，每个产品所占比重不同，由大及小，构图动感活泼，次序感强，如图4-3-5所示。

5.对角线构图

一个产品或两个产品进行对角线组合构图，产品的空间感强，每个产品所占比重相对平衡，构图动感活泼却不失稳定，运动感强烈，如图4-3-6所示。

6.框架式构图

单个或多个产品进行框架构图。产品展示效果好，展示完整，有画中画的感觉。构图规整平衡，稳定坚固，如图4-3-7所示。

图4-3-4　渐次式　　　图4-3-5　辐射式　　　图4-3-6　对角线　　　图4-3-7　框架式

【任务分解】

一、Banner设计欣赏

一个网站的好坏，Banner设计是占最重要的一部分。网站Banner是整个网站中最具有视觉传达的部分，在网站编排中所占位置最大、最为显眼。一个有特色的、带给人视觉享受的Banner往往能让浏览者产生兴趣，让用户和网站之间的互动变得生动有趣。

1.点、线、面

点、线、面具有不同的情感特征，采用不同的组合能体现不同Banner的情感诉求，如图4-3-8所示。

图4-3-8　点、线、面的运用　　　　　　　　图4-3-9　创意矢量图形

2.创意矢量图形

　　矢量图形创意独特，有较强的视觉冲击力，其精致的矢量风格与网站整体完美结合，能体现出网站整体实力，如图4-3-9所示。

3.人物与文字

　　采用人物与文字内容结合，增加亲近感，主题思想显得更加鲜明，人物可以更直接、更友好地告诉用户这里有什么，如图4-3-10所示。

4.肢体语言

　　肢体语言的引入，打破了沉闷感，让画面变得活跃，富有生气，如图4-3-11所示。

图4-3-10　人物与文字　　　　　　　　图4-3-11　肢体语言

5.软件产品界面

　　很多软件产品服务网站都将自己的产品界面直接融合在Banner中，加上文字与个性按钮，可以让用户直接深入地了解产品基本功能和构造，甚至会激起用户想立即试用的欲望，如图4-3-12所示。

6.纯文字内容Banner

　　不需要华丽的背景，更不需要图片的点缀，只需要一段文字加上单调的背景色，如图4-3-13所示。

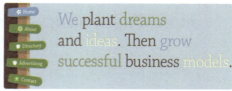

图4-3-12 软件产品界面　　　　　　　　图4-3-13 纯文字

7.光线与渐变背景

　　渐变的背景融入线条元素让Banner更加动感夺目，单色或多色的光线让线条和背景更加炫彩，使Banner充满迷幻，进一步刺激用户的探索欲望，如图4-3-14所示。

8.人物或产品组合展示

　　用堆积这种布局特效来展示不同的作品示例，并附上一条介绍性质的口号，使网页变得更有说服力，丰富而富有层次感，如图4-3-15所示。

图4-3-14 光线与渐变　　　　　　　　图4-3-15 产品组合展示

9.特殊肌理的组合

　　适当运用肌理以及拼贴效果，让画面变得有质感且意味深长，是让Banner与众不同的好办法之一，如图4-3-16所示。

10.滑动效果

　　使用滑动效果将更多信息填入Banner区域。这对于有很多特性和丰富产品的网站很适用，通过一些很有用的Javascript库及其插件，让这类效果更加活灵活现，如图4-3-17所示。

图4-3-16 特殊肌理　　　　　　　　图4-3-17 滑动效果

二、Banner制作实例

图4-3-18为某手表网站静态Banner。在制作上，圆形图案既与手表盘面吻合，借助光影的变化又为手表提供了一个良好的展示平台；色彩上以墨绿色为主色调，背景与手表图片色彩互补、明暗分明；文案设计凝练、简洁，体现了品牌核心价值理念。整个Banner设计简约、大气。

图4-3-18　手表网站静态Banner

操作步骤

①新建文档1002×450px，分辨率72px/in，RGB颜色，背景白色。

②创建"底色"层，填充颜色#0f2f02；并添加杂色，如图4-3-19所示。

图4-3-19　创建底色

③创建"暗角"层，为降低4个角的亮度，填充黑色，并添加蒙版；编辑蒙版，用椭圆选框工具作椭圆选区，羽化30个像素，填充黑色。将不透明度设为20%，如图4-3-20所示。

④创建"正圆"层，用椭圆形状工具绘制圆，如图4-3-21所示；并添加图层样式，如图4-3-22至图4-3-24所示。

图4-3-20　添加暗角

图4-3-21　绘制圆并添加图层样式后的效果

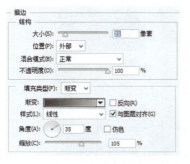

图4-3-22　描边

图4-3-24　渐变叠加

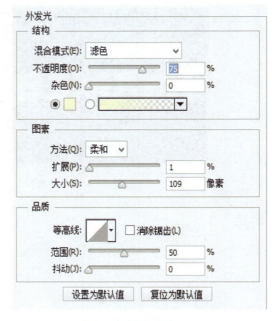

图4-3-23　外发光

⑤创建"高光"层,用钢笔工具绘制如图4-3-25所示的路径,转化为选区,填充白色到透明的渐变;并将图层模式改为柔光,不透明度为60%。

⑥打开素材文件/模块四/任务三/"手表.psd",得到"手表"层,为其添加"亮度/透明度"调整层,适当降低亮度;为"手表"层添加图层样式"投影",并以"投影"效果创建"手表阴影"图层,按住"Ctrl+T"快捷键调整手表阴影大小和位置,如图4-3-26所示。

图4-3-25　添加高光

图4-3-26　导入手表并处理后的效果

⑦复制"手表"层，得"手表副本1"层。执行"风格化"→"查找"，按住"Ctrl+I"快捷键反相。再按住"Ctrl+T"快捷键调整"手表副本1"的大小和位置；并将图层模式改为"颜色减淡"，不透明度为20%，如图4-3-27所示。

⑧复制"手表"层，得"手表副本2"层。按住"Ctrl+T"快捷键调整"手表副本2"的大小和位置；添加图层蒙版，用黑色柔角画笔编辑蒙版，擦除表带等多余部分；并将图层模式改为"叠加"，不透明度为15%，如图4-3-28所示。

图4-3-27　制作左上角手表图案　　　　图4-3-28　制作左侧手表图案

⑨创建文字图层，选择恰当的字体、字号输入如图4-3-29所示的文字，并适当调整字符间距。

⑩创建"圆点"层。用画笔在"时间铸就品质"与"品质成就人生"之间画上一个小圆点，颜色#b01b09，如图4-3-30所示。

图4-3-29　添加文字　　　　　　　　图4-3-30　制作圆点

动手练习

为"重庆动物保护学会"网站制作首页Banner，要求如下：

①规格：尺寸大小760×200px，分辨率72px/in，RGB颜色，以.psd格式保存。

②Banner设计突出网站主题，构思新颖，色彩协调，做到形式与内容相统一。

③所需素材自行上网查找。

任务四　设计网页广告

【任务导航】

　　网络广告的本质是向互联网用户传递营销信息的一种手段，是对用户注意力资源的合理利用，在网络营销方法体系中具有举足轻重的地位。作为独特的新型媒体，网络广告给广告信息传播带来了形式与实质的变化，其将超越户外广告，成为传统四大传播媒体（报纸、杂志、电视、广播）之后的五大媒体。网络广告的页面视觉元素遵循着传统的平面设计视觉传达方式，同时也赋予了平面元素新的特点。

【知识前导】

　　在Web广告策划中选择合适的广告形式是吸引受众、提高浏览率的可靠保证。在制作网络广告前，必须认真分析企业的营销策略、企业文化及企业的广告需求，这样才能设计出有用的网络广告。网络广告常见形式如下：

　　①横幅式广告——Banner：是互联网广告中最基本的广告形式，一般尺寸较大，位于页面中最显眼的位置。横幅广告的一般尺寸为468×60、728×90、760×90（单位：像素）等。

　　②按钮式广告：在网页中尺寸偏小，表现手法较简单，一般以企业Logo的形式出现，可直接链接企业网站或企业信息的详细介绍。最常用的按钮广告尺寸有4种，分别为125×125、120×90、120×60、88×31（单位：像素）。

　　③邮件列表广告：它是利用电子邮件功能向网络用户发送广告的一种网络广告形式。

　　④弹出窗口式广告：在网站或栏目出现之前插入一个新窗口显示广告。

　　⑤互动游戏式广告：在一段页面游戏的开始、中间、结束时，随时出现广告。

　　⑥对联式广告：一般位于网页两侧，也是网络广告中的有效宣传方式。它通常使用GIF格式的图像文件，也可使用其他的多媒体。

　　⑦浮动广告：在页面左右两侧随滚动条而上下滚动，或在页面上自由滚动，一般尺寸为100×100或150×150（单位：像素）。

【任务分解】

一、网页广告欣赏

　　一幅广告的色彩是倾向于冷色或者暖色、明亮艳丽或者素净雅致，这些色彩倾向所形成的不同色调给人们的印象就是广告色彩的总体效果。广告色彩的整体效果取决于广告主题的需要以及消费者对色彩的喜好，并以此为依据来决定色彩的选择与搭配。

女性化妆品类商品常用柔和、脂粉的中性色彩，如具有各种色彩倾向的紫色、粉红、亮灰等色，表现女性高贵、温柔的性格特点，如图4-4-1所示。而男性化妆品则较多使用黑色、灰色或单纯的色彩，这样能够体现男性的庄重、沉稳，如图4-4-2所示。

图4-4-1　女性化妆品广告　　　　　　　　图4-4-2　男性化妆品广告

药品广告的色彩大都是白色、蓝色、绿色等冷色，这是根据人们心理特点确定的。这样的总体色彩效果能给人一种安全、宁静的印象，让药品易于被人们接受，如图4-4-3所示。

食品类商品常用鲜明、丰富的色调。红色、黄色和橙色可以强调食品的美味与营养，如图4-4-4所示。

图4-4-3　药品广告　　　　　　　　　　图4-4-4　食品广告

儿童用品常用鲜艳的纯色和色相对比、冷暖对比强烈的各种色彩，以适应儿童天真、活泼的心理和爱好，如图4-4-5所示。

图4-4-5　儿童用品广告

二、网页广告制作实例

图4-4-6为某地产静态全屏广告。在制作上，以修改地球为基础，借助对海的修饰和天空的衬托以及远景的楼房，来集中体现出"每天的水岸心情"这个主题；色彩上以蓝色为主题颜色，静谧舒适，以突出"华宇金沙——每天的水岸心情"主题广告语。整个广告构思巧妙，让人对美好生活充满无限遐想，激起人们对该地产的置业欲望。

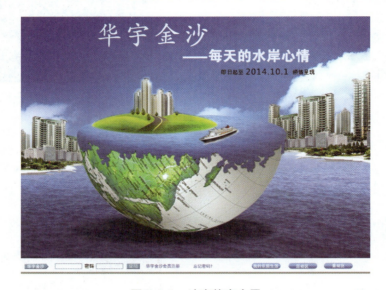

图4-4-6　地产静态全屏

操作步骤

①新建文档，大小800×600px，分辨率72px/in，RGB模式，背景白色。

②打开素材文件/模块四/任务四/"天空.jpg"，导入蓝天素材图片，放置在合适位置，得"天空"图层。为其添加"色阶"调整层，参数设置如图4-4-7所示。

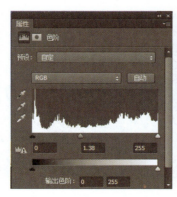

图4-4-7　天空调整色阶效果

③使用"多边形套索工具"绘制选区，羽化50px，按住"Ctrl+J"快捷键得新图层"云彩"；使用"自由变换"进行调整，设置橡皮擦的不透明度和大小，用橡皮擦擦除以便能与天空自然融合，如图4-4-8所示。

图4-4-8　变换云彩

④打开素材文件/模块四/任务四/"山水.jpg"，导入"山水"素材图片，为其添加图层蒙版；并使用渐变工具，填充黑色到透明的渐变编辑蒙版，如图4-4-9所示。

⑤打开素材文件/模块四/任务四/"海水.jpg"，导入"海水"素材图片，采用上述方法添加图层蒙版并绘制线性渐变，使用黑色画笔，设置不透明度和大小，在蒙版中涂抹，使图片衔接自然，如图4-4-10所示。

图4-4-9　创建蒙版　　　　　　　图4-4-10　海水涂抹效果

小窍门

使用画笔、橡皮擦等工具时，可按0~9数字键来改变其不透明度以方便操作。

⑥打开素材文件/模块四/任务四/"地球仪.jpg"，导入"地球仪"素材图片，改变其大小并放置在合适位置。用钢笔工具勾勒路径并转换为选区，添加图层蒙版；并为其添加"色阶"调整明暗度，如图4-4-11所示。

⑦新建"光影"图层，在地球仪上建立选区，用渐变工具绘制黑色透明渐变，制作光影效果，如图4-4-12所示。

图4-4-11　地球仪调整色阶效果

图4-4-12　光影效果

⑧新建图层，用钢笔工具勾勒路径并转换为选区，填充颜色#4c8ddd；添加如图4-4-13所示的图层样式。

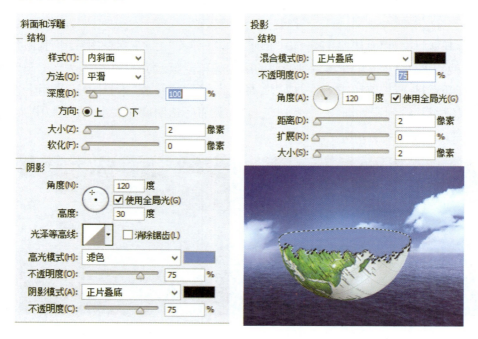

图4-4-13　添加图层样式

⑨新建图层，获取前面绘制效果所在的选区，使用画笔工具，设置不透明度和大小，在选区内涂抹，如图4-4-14所示。

⑩再次导入"海水"素材图片，改变其大小和位置，获取前面绘制效果所在选区，反选，删除多余的部分，并设置不透明度为35%，如图4-4-15所示。

小窍门

使用画笔工具进行涂抹时，按"I"键可快速转换到吸管工具，吸取需要的颜色。

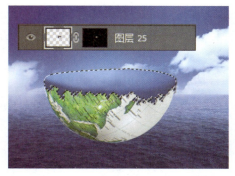

图4-4-14　涂抹效果　　　　　　　　　　图4-4-15　透明效果

⑪打开素材文件/模块四/任务四/"楼房.jpg"，导入"楼房"素材图片，用钢笔工具勾勒出楼房路径并转换为选区，反选，羽化5px，删除不需要的部分，如图4-4-16所示。

⑫打开素材文件/模块四/任务四/"轮船.jpg"，导入"轮船"素材图片，使用钢笔工具绘制路径并转换为选区，羽化2px，添加图层蒙版，如图4-4-17所示。

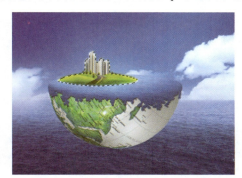
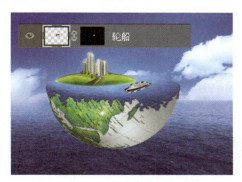

图4-4-16　删除效果　　　　　　　　　　图4-4-17　轮船效果

⑬在地球仪下方新建"阴影"图层，使用"椭圆选取工具"绘制椭圆，羽化20px，填充黑色，如图4-4-18所示。

⑭复制"阴影"得"阴影副本"图层，不透明度设为50%，使用橡皮擦擦除，如图4-4-19所示。

图4-4-18　填充颜色效果　　　　　　　　图4-4-19　擦除效果

⑮打开素材文件/模块四/任务四/"房屋.jpg",导入"房屋"素材图片,使用钢笔工具抠取房屋,放置在右侧;复制图层,利用自由变换调整大小,水平翻转后,将其放置在左侧,效果如图4-4-20所示。

⑯采用同样的方法抠取其他房屋,并放置在合适的位置,如图4-4-21所示。

图4-4-20　房屋效果

图4-4-21　抠取房子效果

⑰选择"横排文字工具",输入文字,设置文字颜色为黑色和白色,如图4-4-22所示。

⑱新建图层,在画布下方使用"矩形选框工具"　在不同层上绘制矩形,并分别填充颜色#f6f6f6、#a2a2a2,如图4-4-23所示。

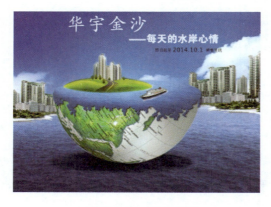

图4-4-22　输入文字

图4-4-23　填充颜色

⑲新建图层,使用钢笔工具或形状工具绘制路径,将其转化为选区并填充颜色,如图4-4-24所示。

⑳选择"横排文字工具"输入文字,如图4-4-25所示。

图4-4-24　绘制形状

图4-4-25　添加文字

动手练习

为"重庆动物保护学会"网站十周年庆制作静态全屏广告，要求如下：

①规格：尺寸大小为760×560px，分辨率为72px/in，RGB颜色，以.psd格式保存。

②广告设计突出该网站10周年庆的主题，构图合理，色彩搭配得当。

③所需素材自行上网查找。

模块五　网站整体设计

模块综述

　　人人都喜欢赏心悦目的网站，网站设计要充分考虑用户的需求与浏览者的感受。网站的设计风格是通过每一张网页来展现的，因此，在网页美工设计时就必须充分考虑每一张网页与网站整体风格的协调。本模块以设计一个餐饮类网站为例，通过网站首页设计、网站次级页设计、网站展示页设计、网页切片与输出等内容的学习与练习，使网页美工设计者对网页各个元素的设计有更加清晰的理解和认识，进而提高设计者对于网页色彩设计、页面布局、元素设计的把控能力。

　　通过本模块的学习，你将能够：
- 进一步提高网站色彩设计的能力；
- 进一步提高网页元素设计的能力；
- 进一步提高网页布局的能力；
- 掌握网页切片与输出的方法。

任务一　设计网站首页

【任务导航】

　　网站首页的设计应符合网站文化内涵，让客户在使用中有一种宾至如归的感觉。在本任务中网页的主题风格应与网站经营的餐饮产品相匹配。网页采用金黄色为主色调，辅以褐色等颜色，以突出中餐馆的特点，使初学者对网站色彩搭配有一个系统的提高。

【知识前导】

　　在设计餐饮类网站时，常采用的颜色有粉红色、紫色、金黄色和橘黄色等。粉红色体现出可爱和美味的内在感受，通常用于各种果品点心、儿童食品网站等；紫色象征雍容华贵，通常用于各种高档西餐馆和高档饭店；金黄色可以体现出浓郁的中国风情，通常用于各种与中国文化有关的网站，如中餐馆等；橘黄色表示美味、甜美，通常用于各种饮料生产企业的网页。

【任务分解】

一、Logo设计

①在Photoshop CS6中执行"文件"→"新建"命令，打开"新建"对话框，设置网页文档的"宽度"→"高度"→"分辨率"等属性，建立空白网页文档，如图5-1-1所示。

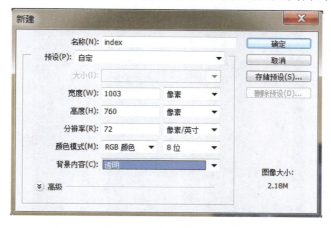

图5-1-1　空白网页文档

②在文档中新建"背景"图层文件夹，导入素材文件/模块六/任务一/"backgroundColor.psd"，将其命名为"背景1"，并将其拖入"背景"图层文件夹中，删除"图层1"，如图5-1-2所示。

图5-1-2　素材背景效果

③用同样的方式，导入素材文件/模块六/任务一/"paperGrain.psd"素材图像，将其命名为"背景2"，拖入"背景"文件夹中，放置在"背景1"图层上方，作为纸张纹理。

④再导入素材文件/模块六/任务一/"topGrain.psd"文档中的回纹纹理，将其拖动到网页文档的顶部，即可完成背景图像的制作。

⑤新建"标志"图层文件夹，导入素材文件/模块六/任务一/"LogoBG.psd"的素材文档，设置其中的素材图像位置，选择"直排文字工具"，在"字符"面板中设置文字工具的属性，然后在Logo背景中输入文字，如图5-1-3所示。

图5-1-3　文本属性参数

⑥选中该图层，右击图层名称，执行"混合选项"命令，单击"投影"列表项目，在右侧设置"投影"样式的各种属性，然后选择"外发光"效果，设置如图5-1-4所示。

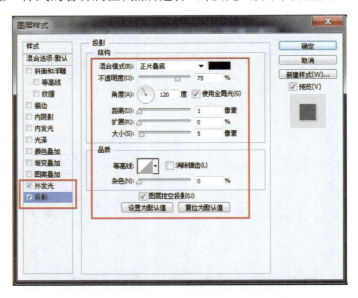

图5-1-4　文本图层样式参数

⑦选中"横排文字工具"，在"字符"面板中设置文字工具的属性，然后输入网站的名称，如图5-1-5所示。

图5-1-5　网站名称样式参数

⑧将光标置于"亦"字之后，换行并选中"江南"二字，设置其文本的属性，如图5-1-6所示。

图5-1-6　文本样式参数

⑨选中"亦江南"图层，右击执行"混合模式"命令，添加并设置"投影"样式。然后，选择"外发光"和"内发光"等列表选项，如图5-1-7和图5-1-8所示。

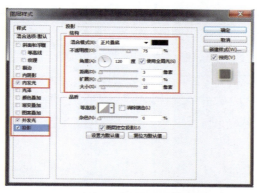

图5-1-7　图层样式参数

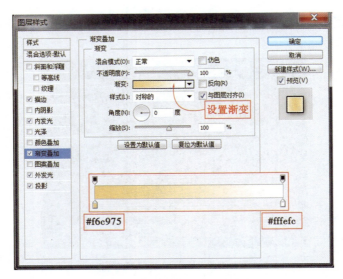

图5-1-8　"渐变叠加"样式参数

⑩选择"描边"的列表项目,为"亦江南"文本添加2px的黑色外部描边,即可完成该图层的样式设置,如图5-1-9所示。

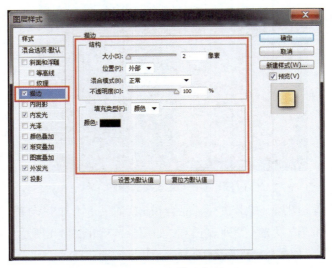

图5-1-9　描边参数

⑪选择"横排文字工具",输入"一八十年老店一"文本,字体颜色为黄褐色(#735e2d),然后设置文本样式,如图5-1-10所示。

⑫在"工具选项"栏中单击"变形文字"按钮,在弹出的"变形文字"对话框中设置"样式"为"扇形",然后设置"弯曲"为"+20%",单击"确定"按钮,如图5-1-11所示。

⑬用同样的方式,添加"一中餐服务连锁一"文本到Logo底部,颜色同上为"黄褐色",然后设置文本变形,完成Logo,如图5-1-12所示。

图5-1-10　文本样式参数

图5-1-11　文本变形参数

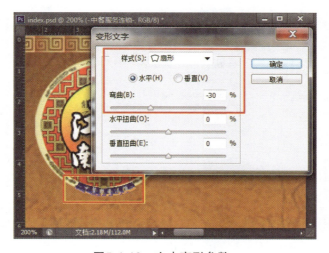

图5-1-12　文本变形参数

想一想・・・・・・・・・・・・・・

（1）Logo设计运用到了哪些元素？

（2）围绕素材Logo.psd，自己怎么来创作一个网页Logo标志？

二、Banner设计

①在网页文档中新建"导航条"图层文件夹。然后打开素材文件/模块六/任务一/"navigatorBG.psd"素材文档，将文档中的墨迹图像导入网页文档中，如图5-1-13所示。

图5-1-13　墨迹图像效果

②右击导入图层名称，执行"混合选项"命令，打开"图层样式"对话框。在左侧选择"投影"列表项目，然后设置投影属性，如图5-1-14所示。

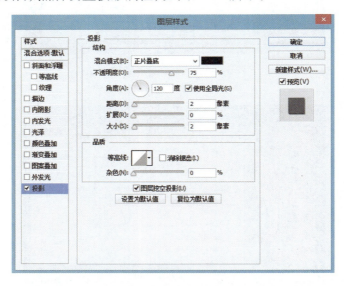

图5-1-14　投影属性参数

③选择"横排文字工具"，在"字符"面板中设置文本的样式，然后输入导航条的文本，即可完成导航条的制作，如图5-1-15所示。

图5-1-15　文本样式参数

④在网页文档中新建"背景图"图层文件夹，然后导入素材文件/模块六/任务
一/flower.psd"和"flower2.psd"两个素材图像，移到网页文档中的位置，如图5-1-16
所示。

图5-1-16　素材图像效果

小提示

在导入"flower.psd"素材文档后，需要设置其透明度为57%。

⑤导入素材文件/模块六/任务一/"delicacies1.psd"素材文档，在"图层"面板中单击"添加图层蒙版"按钮，为图层添加蒙版，如图5-1-17所示。

图5-1-17　添加图层蒙版

⑥选择工具栏中的"画笔工具"，在图层蒙版上绘制黑色和灰色的图像，以覆盖图层中的内容，如图5-1-18所示。

图5-1-18　编辑图层蒙版

⑦打开素材文件/模块六/任务一/"delicacies2.psd"素材文件，将其中的菜肴和筷子等素材图像导入网页文档中，如图5-1-19所示。

⑧用同样的方式导入素材文件/模块六/任务一/"smoke.psd"素材文档中的烟雾图像，并通过图层蒙版对其进行遮罩处理，如图5-1-20所示。

⑨导入素材文件/模块六/任务一/"butterfly.psd"素材文档，将其中的蝴蝶图像导入网页文档中，如图5-1-21所示。

图5-1-19　素材图像效果

图5-1-20　烟雾图像效果

图5-1-21　导入蝴蝶素材效果

⑩在网页文档中新建"企业语"图层文件夹,然后选择"横排文字工具",在"字符"面板中设置文本样式,然后输入企业宣传口号,如图5-1-22所示。

图5-1-22　企业宣传输入效果

⑪选中企业宣传口号所在的图层,在"图层"面板中右击图层名称,执行"混合选项"命令,然后在弹出的"图层样式"对话框中选择"外发光"列表项目,设置外发光的属性,完成Banner制作,如图5-1-23所示。

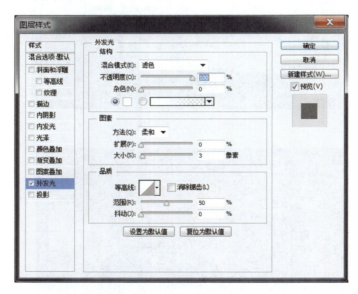

图5-1-23　图层样式添加参数

三、版尾设计

①在网页文档中新建"画布"图层文件夹,然后打开素材文件/模块六/任务一/"scroll.psd"素材文档,将其中的两个图层导入网页文档中,并移动其位置,如图5-1-24所示。

图5-1-24　素材导入效果

②在"画布"图层文件夹中新建"江南介绍"图层文件夹,然后选择"横排文字工具",在"字符"面板中设置字体样式,输入标题文本,如图5-1-25所示。

图5-1-25　标题文本参数

③再选中"横排文字工具",并设置字体样式,输入内容文本,如图5-1-26所示。

④新建"名菜品鉴"图层文件夹,用同样的方式制作栏目的标题文本,如图5-1-27所示。

⑤导入素材文件/模块六/任务一/"蟹粉狮子头.jpg"素材图像,为其添加剪贴蒙版,在蒙版中绘制一个圆形图像,如图5-1-28所示。

⑥选择"横排文字工具",在字符面板中设置字体的样式,输入标题,如图5-1-29所示。

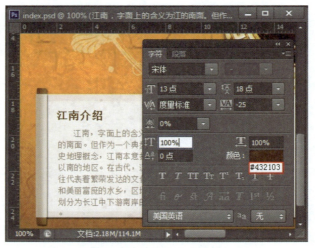

图5-1-26　内容文本参数

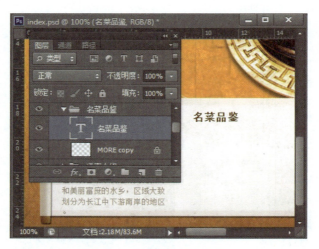

图5-1-27　栏目标题效果

图5-1-28　蟹粉狮子头图像

图5-1-29　小标题文本参数

⑦再次选择"横排文字工具"，在"字符"面板中设置字体的样式，输入菜肴介绍的文本，如图5-1-30所示。

图5-1-30　菜肴介绍参数

⑧打开素材文件/模块六/任务一/"more.psd"素材文件，将其中的"了解更多"按钮图像导入网页文档中，并移至菜肴介绍下方，如图5-1-31所示。

⑨用同样的方法，制作"响油鳝湖"菜肴的介绍内容，再次导入按钮，如图5-1-32所示。

⑩在"画布"图层文件夹中建立"联系方式"图层文件夹，导入素材文件/模块六/任务一/"titleBar.psd"素材文件中的图层，并输入文本，设置文本的样式，如图5-1-33所示。

图5-1-31　按钮图像和文本

图5-1-32　菜肴介绍效果图

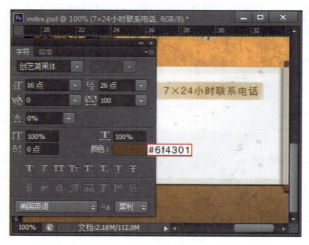

图5-1-33　标题文本参数

⑪选择"横排文字工具"，在字符面板中设置字体样式，输入联系电话如图5-1-34所示。

图5-1-34　联系电话参数

⑫再次导入素材文件/模块六/任务一/"titleBar.psd"素材中的图层，输入"点此开始网上订餐"，然后选择"钢笔工具"，绘制一个箭头，设置其颜色为黄褐色（#6F4301），完成主题如图5-1-35所示。

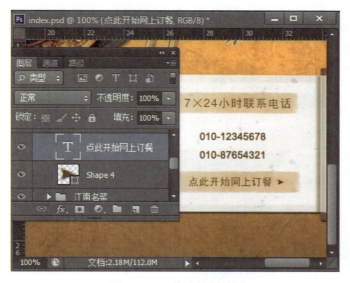

图5-1-35　箭头绘制效果

⑬在网页文档中建立"版权声明"图层文件夹，选择"横排文字工具"，在字符面板中设置字体的样式，输入版权信息的内容，如图5-1-36所示。

⑭选中版权信息中的英文部分，在字符面板中设置"字体"为Calibri，完成版权信息部分的制作，如图5-1-37所示。

图5-1-36　版权信息文本参数

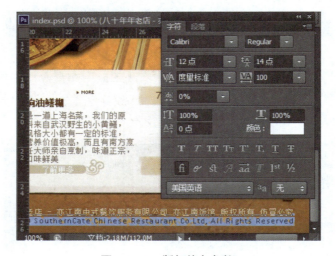

图5-1-37　版权信息参数

动手练习

瀚方手机网站首页设计与制作

请根据提供的素材文件/模块六/练习题素材，参考现有的设计，自行完成瀚方手机网站首页布局与版面设计（布局结构不限），参考效果图如图5-1-38所示。

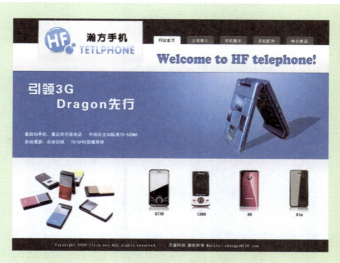

图5-1-38 瀚方手机网站首页

设计目的与要求：

①树立良好的企业形象，并适当提供相关业务服务。

②形式上层次要清晰、布局简洁、结构性强、色彩明快。

任务二 设计网站次级页

【任务导航】

次级页的设计和制作法与首页基本相同，但是次级页面通常要比首页结构简单，这样便可以使用更多的空间来展示自己的网站精华。本子页设计中将首页中的网页图像元素进行再次组合使用，除此之外，还为子页设计统一的子页导航条和投票等栏目，以使网页栏目结构以及栏目内容更加丰富。

【知识前导】

子页导航是网站的二级菜单导航列表，其作用是为用户提供网站具体栏目的导航。投票栏目的作用是不定期地提供一些问题项目，供用户选择，使网站的设计者根据用户的意见改进工作，提供更加丰富的内容，同时提高服务水平。

【任务分解】

一、导航与投票页面设计

①新建名为"concept.psd"的文档，设置画布大小为1003×1270px，然后使用与首页相同的方式制作网页的背景，如图5-2-1所示。

图5-2-1　网页背景效果

②打开素材文件/模块六/任务二/"index.psd"文档，从其中导入网页的Logo、导航条和版尾等栏目，如图5-2-2所示。

图5-2-2　Logo和导航条等栏目导入效果

③分别导入素材文件/模块六/任务二/"star.psd""subpageBannerlmage.psd""subpageBannerBG.psd"和"flower2.psd"等素材文档中的图像，制作子页的Banner，如图5-2-3所示。

图5-2-3　Banner图像效果

④右击从"subpageBannerlmage.psd"素材文档中导入的图像涂层，执行"创建剪贴蒙版"命令，制作剪贴蒙版，完成Banner的制作，如图5-2-4所示。

制作剪贴蒙板

图5-2-4　剪贴蒙版效果

⑤从"index.psd"文档中导入名为"企业语"的图层文件夹，然后设置其中文本的大小等属性，使其与子页的Banner相匹配，如图5-2-5所示。

⑥新建"导航条修饰"图层文件夹，分别打开素材文件/模块六/任务二/"flower3.psd"和"butterfly.psd"等素材图像，导入其中的花朵和蝴蝶图像，将其移动到网页的左侧，如图5-2-6所示。

⑦在"导航条修饰"图层文件夹下方新建名为"组4-1"图层文件夹，导入素材文件/模块六/任务二/"subNavBG.psd"素材图像，作为子导航条的背景，如图5-2-7所示。

⑧在导航条背景的图层上方输入"企业介绍"文本，然后在字符面板中设置文本样式，如图5-2-8所示。

图5-2-5　企业文本样式参数

图5-2-6　素材图像导入效果

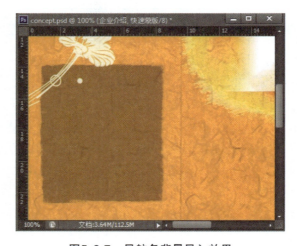

图5-2-7　导航条背景导入效果

图5-2-8　导航条标题参数

⑨打开素材文件/模块六/任务二/"subNavLine.psd"素材文档，将其中的彩色线条导入网页文档中，如图5-2-9所示。

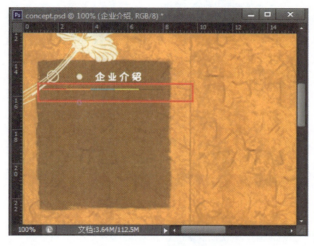

图5-2-9　导航条分隔线

⑩输入子导航条的内容，然后通过字符面板设置文本内容样式。打开素材文件/模块六/任务二/"subNavHover.psd"素材文档，将其中的墨迹图层导入网页文档中，作为鼠标划过菜单的特效，完成子导航条的制作，如图5-2-10所示。

⑪在"组4"图层文件夹中新建"组4-2"图层文件夹。然后打开素材文件/模块六/任务二/"subVoteBG.psd"素材文档，将其中的图形导入网页文档中。将图形放置在子导航栏的下方作为投票栏目的背景。

⑫在投票栏目背景上绘制一个箭头，然后再输入投票内容的文本，并设置其样式，如图5-2-11所示。

⑬使用"椭圆工具"在投票项目左侧绘制4个圆形形状，并分别将其转换为位图，作为表单的单选按钮，如图5-2-12所示。

图5-2-10　子导航效果

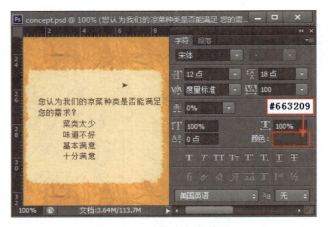

图5-2-11　箭头文本效果

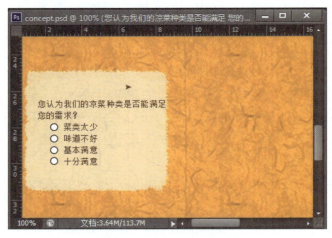

图5-2-12　单选按钮效果

⑭使用"圆角矩形工具"在投票项目下方绘制两个黑色的圆角矩形,作为按钮的背景,如图5-2-13所示。

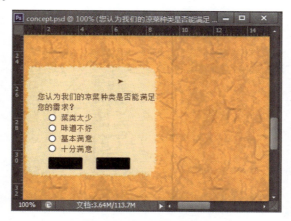

图5-2-13　按钮背景效果

⑮在两个黑色圆角矩形上方绘制两个略小一些的圆角矩形,如图5-2-14所示。

图5-2-14　按钮效果

⑯输入按钮的标签文本,然后在字符面板中设置文本的样式,如图5-2-15所示。

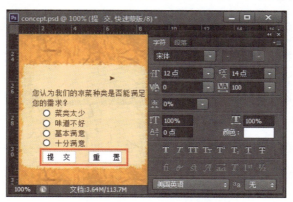

图5-2-15　按钮标签文本参数

⑰打开素材文件/模块六/任务二/"titleBar.psd"素材文档，导入素材图像作为投票栏目的标题背景。然后，输入标题文本，设置标题文本的样式，完成投票栏目的制作，如图5-2-16所示。

图5-2-16　栏目标题参数

二、企业理念页面设计

①在"concept.psd"文档中，新建名为"组3"的图层文件夹。然后，导入素材文档中的"subContent BG.psd"图形，作为网页主题内容的背景，如图5-2-17所示。

图5-2-17　主题内容背景

②在"组3"图层文件夹中新建"组3-1"图层文件夹，然后导入素材文件/模块六/任务二/"subPageTitle.psd"素材文档中的图标，作为主题内容标题的图标。然后输入标题，设计标题样式，如图5-2-18所示。

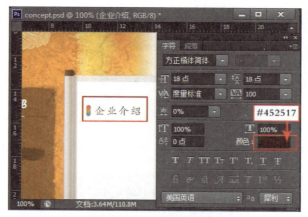

图5-2-18　主题内容标题

③用同样的方法，导入素材文件/模块六/任务二/ "subTitle2BG.psd" 素材文件中的图形，作为二级标题的背景。然后，输入二级标题的文本，并设置其样式，如图5-2-19所示。

图5-2-19　二级标题

④最后，输入企业理念的文本内容，并分别设置其中各种标题和段落的样式，即可完成企业理念网页的制作，如图5-2-20所示。

图5-2-20　企业理念文本

三、订餐表单页面设计

网上订餐表单网页主要由文本说明、各种输入文本域及单选按钮和提交按钮组成。用过订餐表单，餐饮网站可获得用户的需求信息，并根据这些需求为用户提供服务，下面具体介绍订餐表单的制作步骤。

①复制"concept.psd"文档，将其重命名为"reservation.psd"文档，然后将其打开，删除"组3"图层文件夹中企业理念的文本内容和二级标题，如图5-2-21所示。

图5-2-21　企业理念文本

②将子导航栏的标题和主题内容的标题都修改为"网上订餐"，并删除导航栏中的内容，如图5-2-22所示。

图5-2-22　导航标题和内容标题

③在"组3"图层文件夹中新建"客户信息"图层文件夹，然后从"concept.psd"文档中导入主题内容的二级标题和背景，修改二级标题为"客户信息"。输入客户信息表单中的文本内容并设置样式。然后绘制表单的矩形框如图5-2-23所示。

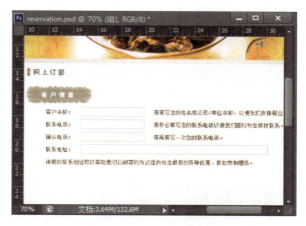

图5-2-23　客户信息表单

④新建"用餐要求"图层文件夹，然后用同样的方式在"客户信息"表单下方制作"用餐要求"表单，如图5-2-24所示。

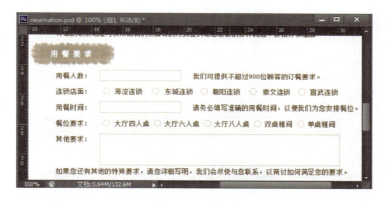

图5-2-24　用餐要求表单

⑤再新建一个"订餐须知"图层文件夹，添加二级标题，然后输入订餐须知的文本，如图5-2-25所示。

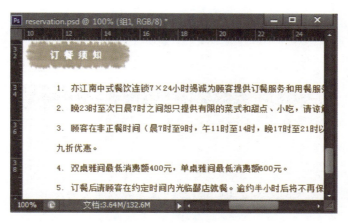

图5-2-25　订餐须知文本

⑥新建名为"按钮"的图层文件夹,将投票栏目中的两个按钮复制到该图层文件夹中,并设置按钮的位置,即可完成网上订餐表单的制作,如图5-2-26所示。

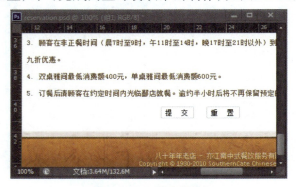

图5-2-26　提交按钮

动手练习

瀚方手机网站内页设计与制作

　　请根据提供的素材文件/模块六/练习题素材,自己创作;也可根据上任务一中的作业进行修改得到相同的布局,然后参考现有的设计,自行完成瀚方手机网站内页布局与版面设计(布局结构不限),参考效果图如图5-2-27所示。

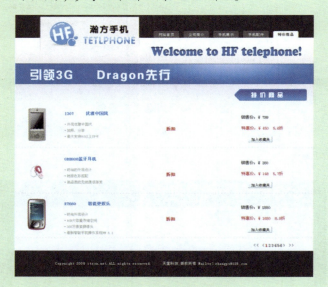

图5-2-27　瀚方手机内页

设计目的与要求:
①制作过程中,网页中的文字要尽量遵循网页标准用字来设置。
②插入图像时,图像与文字之间、图像与图像之间的距离要适中。
③形式上层次要清晰、布局简洁、结构性强、色彩明快。

任务三　设计网站展示页

【任务导航】

展示页的作用是介绍网站相关产品的具体内容，通过对产品的描述，来展示产品的文化。本任务通过设计、美化各种产品栏目结构形状并通过大量精美的菜肴照片作为栏目内容，达到提高浏览者对餐厅的兴趣，吸引浏览者前来就餐的目的。

【知识前导】

设计该页面的作用是为了介绍与餐饮网站相关的各种名菜，通过这些描述，来展示中餐的文化底蕴和餐馆精湛的烹饪技术。制作饮食文化子页时，可使用之前制作的子页中各种重复的栏目，以提高网页设计的效率。

【任务分解】

一、饮食文化页面设计

①复制"concept.psd"文档，将其重命名为"culture.psd"文档。然后，修改子页导航条中的文本内容，以及主题内容中的两种标题内容，删除企业理念文本，如图5-3-1所示。

图5-3-1　子页内容

②在"组3"图层文件夹中新建名为"组3-2"图层文件夹，将主题内容的二级标题拖动到该图层文件夹中。然后，在"组3-2"图层文件夹中新建"糟香鲥鱼"图层文件夹，导入"糟香鲥鱼"的图片，如图5-3-2所示。

图5-3-2　菜肴图像

③打开素材文件/模块六/任务三/"imageBG.psd"素材文档，将其中的图形导入"糟香鲥鱼"图层，执行"创建剪贴蒙板"命令，建立剪贴蒙版，如图5-3-3所示。

图5-3-3　剪贴蒙版

④在图片右侧输入"糟香鲥鱼"文本，然后导入素材文件/模块六/任务三/"point.psd"素材图像中的点画线，如图5-3-4所示。

图5-3-4　素材图像导入效果

⑤在"糟香鲥鱼"文本下方输入菜肴的介绍文本内容，然后导入素材文件/模块六/任务三"colorLine.psd"素材文档中的彩色线条，如图5-3-5所示。

图5-3-5　素材文档

⑥从"index.psd"文档中导入"了解更多"按钮的文本及其背景图像，然后将"了解更多"修改为"更多简介"，即可完成"糟香鲥鱼"介绍的制作，如图5-3-6所示。

图5-3-6　按钮效果

⑦用同样的方式，制作"蟹粉豆腐"和"瑶柱极品干丝"两道菜肴的介绍内容，即可完成饮食文化页面的制作，如图5-3-7所示。

图5-3-7　饮食文化页效果图

二、特色佳肴页面设计

特色佳肴子页的作用是介绍餐饮企业提供给用户的各种菜肴类型，吸引用户前来就餐。同时，特色佳肴子页还可以介绍餐馆的价位、形象等信息，从而帮助用户了解餐饮类的经营特色。

①复制"concept.psd"文档，将其重命名为"delicacies.psd"文档。然后修改子页导航条中的文本内容，以及主题内容中的标题文本，同时删除二级标题和企业理念文本等内容，如图5-3-8所示。

图5-3-8　子页内容

②在主题内容部分的标题下方输入介绍信息的文本，并对文本进行排版，如图5-3-9所示。

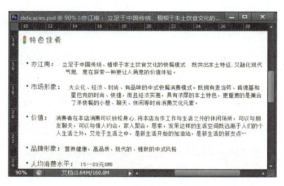

图5-3-9　文本排版效果

③在"组3"图层文件夹中新建"组3-2"图层文件夹，从"concept.psd"文档中复制一个主题内容的二级标题文本和标题背景，然后将其拖动到介绍信息的文本下方，修改标题文本内容，如图5-3-10所示。

④导入"imageBG.psd"素材文档中的图像，作为菜肴图片列表的背景，将其放置到二级标题的下方，如图5-3-11所示。

⑤然后导入素材文件/模块六/任务三"果馅春卷.jpg"素材图像，将其拖拽到指定的位置，并以"imageBG.psd"素材中的图像制作剪贴蒙版，如图5-3-12所示。

图5-3-10 二级标题

图5-3-11 图片背景导入效果

图5-3-12 剪贴蒙版

⑥在图像的右侧输入菜肴的名称，然后在字符面板中设置文本的样式，如图5-3-13所示。

图5-3-13　菜肴名称样式

⑦用同样的方式，制作菜肴列表中的其他项目，即可完成特色佳肴子页的制作，如图5-3-14所示。

图5-3-14　菜肴列表效果图

动手练习

瀚方手机网站内页设计与制作

请根据提供的素材文件/模块六/练习题素材，自己创作；也可以根据上一任务中的作业进行修改得到相同的布局，然后参考现有的设计，自行完成瀚方手机网站内页布局与版面设计（布局结构不限），参考效果图如图5-3-15所示。

设计目的与要求：

①制作过程中，网页中的文字要尽量遵循网页标准用字来设置。

②插入图像时，图像与文字之间、图像与图像之间的距离要适中。

③形式上层次要清晰、布局简洁、结构性强、色彩明快。

图5-3-15　瀚方手机内页设计效果图

任务四　网页切片与输出

【任务导航】

网页的切片输出是网页美工设计最后一个环节，所有通过PS设计的网页都必须通过切片输出才能应用到网页中。本任务对切片需求以及切片工具的使用进行简单的讲解，让大家能够使用切片工具对做好的网页或图片进行合理的切割和调整。

【知识前导】

Photoshop中的网页设计工具可帮助我们设计和优化单个网页图形或整个页面布局。通过使用切片工具可将图形或页面划分为若干相互紧密衔接的部分，并对每个部分应用不同的压缩和交互设置。当然，对图像切割的最大好处就是提高图像的下载速度，减轻网络的负担。

【任务分解】

一、切片概述

切图是一种网页制作技术，它是将美工效果图转换为页面效果图的重要技术。切片工具主要是用来将大图片分解为几张小图片，使用HTML表格或CSS层将图像划分为若干较小的图像，这些图像可在网页上重新组合成完整的图像。由于现在的网页中图文并茂，因此打开一个网页所需的时间就比较长，为了不让浏览网页的人等的时间太长，所以将图片切为几个小的来组成。

二、切片方式

基本操作有两个：一是划分切片，是使用切片工具在原图上进行切分的操作。二是编辑切片，是对切分好的切片进行编辑的操作，编辑包括对切片的名称、尺寸等的修改。

1.自动切割

①对于普通用来展示的图像，完全可以进行均匀的简单切割，这样会更加快速和高效。当选择了"切片工具"后，在图像上单击右键，在快捷菜单中选择"划分切片"命令，如图5-4-1所示。

图5-4-1　切片菜单

②在弹出的"划分切片"对话框中，设置"水平划分为"和"垂直划分为"两项纵向切片和横向切片的数量分别为"3"和"3"。可以看到图像上已经出现了切片的预览，如图5-4-2所示。

图5-4-2　切片参数

2.基于参考线创建切片

①在网页制作过程中，一般会向图像中添加参考线以满足布局需要，如图5-4-3所示。

图5-4-3　图像参考线

②选择切片工具，然后在选项栏中单击"基于参考线的切片"，此时，在工作区会根据图像的参考线自动生成切割的区域，如图5-4-4所示。

图5-4-4　基于参考线的切片

3.手动切割

选择切片工具（快捷键为K），把需要的每个图形独立切分出来。每切分出一个图形，在它的左上角会显示出切片编号，如图5-4-5所示。

图5-4-5　手动切割图片

小技巧

（1）属性均匀的区域适合分为一个切片，均匀主要是指颜色和形状都没有变化，或者在X或在Y方向上没有变化。

（2）属性渐变的区域适合分为一个切片。

4.修改切片参数

调整切片大小有两种方法，一种是通过切片的控制点进行自由调整；另一种是通过双击切片，在选项对话框中进行调整，如图5-4-6所示。

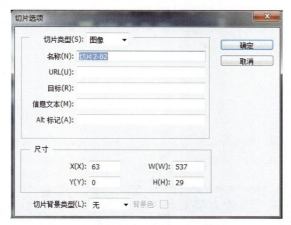

图5-4-6　切片选项参数

正如你所看到的，对话框中有许多设置。

①切片名称：打开网页之后显示的名称。

②URL：单击这个被编辑的图片区域后，会跳到你输入的目标网址内。

③目标：指定载入的URL帧原窗口打开，表示"是在""还是在"新窗口打开链接。

④消息文本：鼠标移到这个块时，浏览器左下角显示的内容。

⑤Alt标记：图片的属性标记，鼠标移动到这块时鼠标旁的文本信息。

⑥切片的尺寸：设置块的x、y轴坐标，W、H的精确大小。

注意事项：

①切片最重要的是区分出网页中哪些是图像区域，哪些是文本区域，并创建图文并茂的网站界面。

②切片前，先要仔细对设计进行分析，考虑要因设计制宜。

③切片时，可不断放大缩小设计观察精准度，可根据辅助线进行切片。

切片后，要对导出的切片进行审核是否符合要求，比如，大小、颜色、图片质量、透明背景与否等，如果不合适，要重新对切片进行优化输出或重新切片。

三、切片输出

切图完成，就可以输出为单个文件。在"文件"菜单中，选择"存储为Web所用格式(W)..."，在弹出的页面中直接选择"存储"，然后在弹出的界面中，填入文件名，保存类型选择"HTML 和图像(*.html)"，设置为"默认设置"即可，切片选择"所有切片"。然后单击"保存"按钮即可。

小提示

（1）首页和内容页的切片可放在同一个站点下的IMAGE文件夹下，当素材图片过多时，最好另建一个文件夹单独保存，便于制作和修改。

（2）FW切片导出时设置为"只要切片输出"，如果按照"HTML和图像"输出会有很多废代码，故手动设置布局比较理想。

动手练习··············

（1）请将本章前面所完成的餐饮网站首页以及子页面进行切片保存。

（2）完成瀚方手机网站内页切片保存，如图5-4-7所示。

图5-4-7　瀚方手机网站切片效果图

参考文献

[1] 百度图片：http://image.baidu.com/.

[2] 红动中国：http://www.redocn.com/.

[3] 中国艺术设计联盟：http://www.arting365.com/.

[4] 中国设计网：http://www.cndesign.com/.

[5] 视觉.ME：http://shijue.me/home.

[6] PS联盟：http://www.68ps.com/.

[7] 曹雁青，杨聪. Photoshop经典作品赏析[M]. 北京：北京海洋智慧图书有限公司，2002.

[8] 张怒涛. Photoshop平面设计图像处理技法[M]. 北京：清华大学出版社，2003.

[9] 丁海祥. 计算机平面设计实训[M]. 北京：高等教育出版社，2005.

[10] 陈笑. Dreamweaver8 Photoshop CS2 Flash 8网页制作实用教程[M]. 北京：清华大学出版社，2006.

[11] 王诚君，刘振华. Dreamweaver 8 网页设计应用教程[M]. 北京：清华大学出版社，2007.

[12] 杨选辉. 网页设计与制作教程[M]. 北京：清华大学出版社，2009.

[13] 旭日东升. 网页设计与配色经典案例解析[M]. 北京：电子工业出版社，2009.

[14] 邓文达，龚勇. 美工神话网页设计与美化[M]. 北京：人民邮电出版社，2010.

[15] 郑耀涛. 网页美工实例教程[M]. 北京：高等教育出版社，2013.